上海科普图书创作出版专项资助

重庆市科委科技计划(科普类)资助项目

物理聊吧

谁主沉浮

——聊物理学家那些事儿

主　编　廖伯琴　教育部西南大学西南民族教育与心理研究中心
　　　　　　　　西南大学科学教育研究中心

副 主 编　张正严　西南大学科学教育研究中心
　　　　　李富强　西南大学科学教育研究中心

本册编者　张正严　王　玮　王俊民　李富强　廖伯琴

　　　本书为教育部人文社会科学重点研究基地重大项目"西南民族传统科技的教育转换研究"（项目号：11JJD880017），重庆市科委科技计划（科普类）资助项目（项目号：cstc2012gg–kplB00011）和重庆市人文社会科学重点研究基地项目"基于网络兴奋点的科学教育普及研究"（批准号：12SKB017）的研究成果。

上海交通大学出版社
SHANGHAI JIAO TONG UNIVERSITY PRESS

内容提要

"物理聊吧"系列丛书是为青少年精心打造的科普读物，囊括了中学物理学科中力、电、热、光、原等方面的知识，采用"聊"这种轻松、愉快的叙述方式向读者展现了物理学的精彩世界。行文轻松活泼，插图精美有趣，具有相当的可读性、知识性和趣味性。

本册通过中外著名物理学家的精彩故事，让读者了解物理学的研究过程、研究方法、科学精神以及科研成果等，有利于增强科学探究兴趣，形成正确的科学价值观。

图书在版编目（CIP）数据

　　谁主沉浮：聊物理学家那些事儿／廖伯琴主编．—上海：上海交通大学出版社，2013

（物理聊吧）

ISBN 978-7-313-09474-2

Ⅰ．① 谁…　Ⅱ．① 廖…　Ⅲ．① 物理学—普及读物　Ⅳ．① O4-49

中国版本图书馆 CIP 数据核字（2013）第 030232 号

谁主沉浮
——聊物理学家那些事儿

主　　编：廖伯琴	
出版发行：上海交通大学出版社	地　　址：上海市番禺路 951 号
邮政编码：200030	电　　话：021-64071208
出 版 人：韩建民	
印　　制：上海锦佳印刷有限公司印刷	经　　销：全国新华书店
开　　本：787mm×960mm 1/16	印　　张：9
字　　数：114 千字	
版　　次：2014 年 1 月第 1 版	印　　次：2014 年 1 月第 1 次印刷
书　　号：ISBN 978-7-313-09474-2/O	
定　　价：36.00 元	

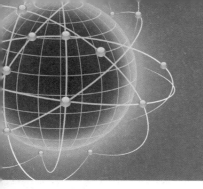

序　言

　　本世纪初,我国启动了新中国成立以来改革力度最大、社会各界最为关注、意义深远的基础教育课程改革,其中科学教育,尤其是综合科学教育受到越来越多的研究者关注。小学 3 ～ 6 年级的综合科学课程开设,初中 7 ～ 9 年级综合科学课程的艰难推进,以及分科科学课程从课程标准到评价考试的调整,引发人们从不同的视角阐释科学的外延与内涵、科学教育的功能、科学课程的理念、科学教学的模式以及科学教师的成长等。

　　为顺应时代发展需求,促使素质教育深入推进,探索科学教育的理论及实践,我们将陆续推出科学教育丛书系列,希望能从理论和实践层面、跨学科的多角度、国际比较的开阔视野等,介绍与科学教育相关的系列内容。

　　目前,本套丛书含四个系列:其一,科学教育理论研究系列,从科学教育学到科学课程、教材、教学、评价等方面进行研究(如《科学教育学》,科学出版社出版);其二,科学普及丛书,基于日常生活,对中学生进行科学普及教育(如《物理聊吧》丛书,上海交通大学出版社出版);其三,科学教育跨文化研究系列,从国际比较、不同民族等多元文化视角研究科学教育科学;其四,科学教材译丛,翻译国外优秀的理、化、生中学教材(如《FOR YOU》教材系列,上海科学技术出版社出版)。

　　科学普及必须走向全民,科学教育必须"为了每一位学生的发展"。为此,本次推出的《物理聊吧》丛书结合当前正在进行的基础教育课程改革,以现行中学物理课程为依托,独辟蹊径,采用"聊"这种轻松有趣的方式让学生进入物理学的精彩世界。该丛书选材新颖有趣,行文轻松活泼,配图精美生动,具有相当强的可读性和趣味性,可满足广大中学生对物理知识的学习需求,提高其学习物理的兴趣,促进其科学素养的提升。

　　本套丛书共分五册,每一分册围绕一个主题。

第 1 册:《原来如此——聊身边的物理》,结合我国中学物理课程标准的要求,以力、电、热、光、原方面的知识为载体,选择精彩又易迷惑的问题,揭示物理学与日常生活的联系,引导读者从生活走向物理,从物理走向社会。

第 2 册:《玩转物理——聊动手做的乐趣》,物理学是一门实验学科,科学知识的获取与人类探索大自然的科学思想与方法密切相关,本册书介绍了物理学的趣味实验及其相关操作,以此激发读者动手做的兴趣。

第 3 册:《谁主沉浮——聊物理学家那些事儿》,通过物理学家的精彩故事,让读者了解物理学含有科学知识,还含有思想方法以及情感态度等,本册图文并茂且生动有趣地介绍了中外著名物理学家的事例。

第 4 册:《不可思议——聊科学技术的应用》,结合中学生了解的物理知识,通过生活中的实例,向读者传递科学、技术、社会的价值理念,让读者了解科学技术造福人类的同时也会给人类带来生存危机。

第 5 册:《开天辟地——聊奇妙的时空》,以天文、宇宙、近代物理等方面的知识为主要载体,结合精美图片,展示大千世界的美妙绝伦,以此吸引读者关注大千世界的变化多端,学习隐含其中的自然规律。

该套丛书紧密结合当前正在进行的基础教育课程改革,以现行中学物理课程为依托,既来源于教材,又不拘泥于教材。一方面可作为广大中学生朋友的课外阅读材料,另一方面也可作为广大教师的教学参考资料。

在课程改革的过程中,继承与发展是永恒的主题。本世纪初启动的基础教育课程改革,也遵循了这一原则。每次课程改革都会打上当时的历史印记,也会凝聚大批科学教育研究者、科学教师等多方人士的心血,这是中国教育的一笔宝贵财富。我们期望在继承与发展的基础上完成科学教育丛书系列,为科学普及做出贡献。

在本套书编写过程中,众多专家学者给予了指导,不少同学帮助查找并整理了相关资源,一线老师帮助审读修订了部分内容,出版社从选题及编辑等方面做出了有意义的贡献,在此表示由衷感激! 另外,由于时间仓促、资源所限等,难免出现错误,请各位读者不吝赐教,我们一定及时修订以便该套丛书日臻完善。

主编　廖伯琴

2013 年 7 月 8 日

于西南大学荟文楼

目　录 CONTENT

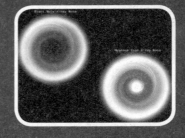

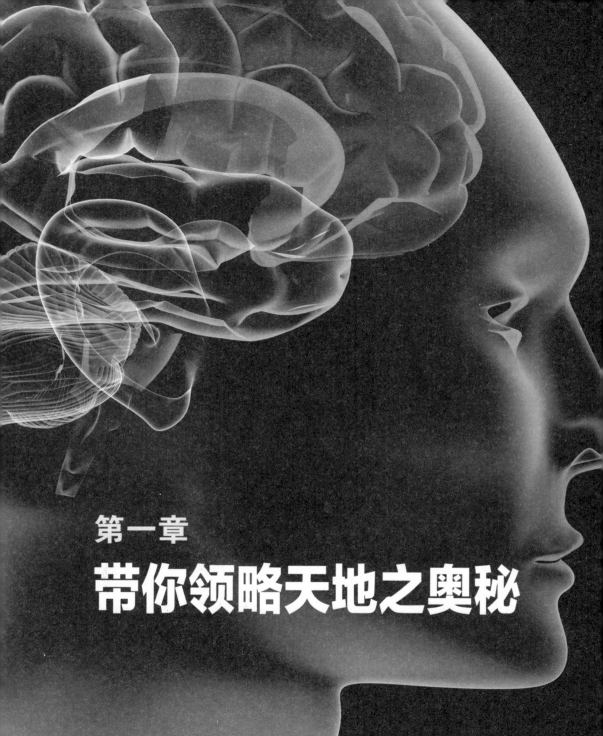

第一章
带你领略天地之奥秘

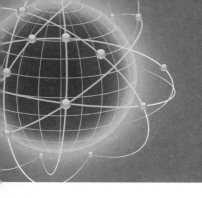

第一节
思辨时代的"百科全书"
——亚里士多德

本节内容 ▶

百科全书式的学者

伯文爷,到底是谁最先用"物理学"这个词的呢?

亚里士多德——一位古希腊的哲学家、科学家和教育家。他是第一个尝试研究物理学并给出"物理学"这一名词的人。

百科全书式的学者

亚里士多德是古希腊伟大的哲学家、科学家和教育家,研究领域极其广泛,他的著作内容遍及自然科学和社会科学的多个领域,被称为是"百科全书式"的学者。

亚里士多德?就是那个认为重物体比轻物体落得快的人吗?伽利略还用实验证明了他的这一观点是"错误"的。

他好像还说过地球是宇宙的中心吧?

呵呵!看来你们对他的印象很深刻嘛!虽然他的很多观点后来已被证明是"错误"的,但他确实是一位伟大的人物,被称为是世界古代史上最伟大的哲学家、科学家和教育家之一。

图 1-1-1 亚里士多德雕塑

司司、南南,你们知道吗?恩格斯称亚里士多德是"最博学的人",因为他的研究领域涉及物理学、天文学、化学、生物学、气象学、逻辑学、政治学、伦理学、美学、诗学等多个方面,并留有一大批著作。比如:《论天》《论灵魂》《物理学》《形而上学》《伦理学》《气象学》《政治学》《诗学》《修辞学》及其他有关生物、经济等方面的著作。在生物学方面,他对500多种不同的动植物进行了分类,至少对50多种动物进行了解剖研究。另外,他还曾提出许多数学和物理学的概念,如极限、无穷数、力的合成等。他也是最早论证地球是球形的人。

图 1-1-2　沉思者(柏拉图雕塑)

哦,原来他这么厉害啊!看来我们对他的认识还很不够哦!

我还听说他是柏拉图的学生,亚历山大大帝的老师?

对!亚里士多德从小受到很好的教育。18 岁的时候,他被送到雅典的柏拉图学园学习,此后 20 年间一直住在学园,跟随柏拉图学习哲学,直至柏拉图去世。公元前 341 年他受邀担任当时年仅 13 岁的亚历山大大帝的老师,对亚历山大大帝的思想形成起了重要的作用。公元前 335 年,他又回到雅典创办了吕克昂(Lykeion)学院。公元前 322 年,亚里士多德因为多年积累的疾病而去世。

那亚里士多德对物理学究竟有哪些贡献呢？

他提出了很多物理学观点，如：地球是球形的，是宇宙的中心；地球和天体由不同的物质组成，地球上的物质是由水、气、火、土四种元素组成；反对原子论，不承认有真空存在；他也认为凡是运动的物体，一定有推动者在推着它运动，较重物体的下坠速度会比较轻物体的快；他还认为白色是一种再纯不过的光，而平常我们所见到的各种颜色是因为某种原因而发生变化的光，是不纯净的。

呵呵，好像他的这些观点都是错的嘛！"地心说"后来不是被哥白尼的"日心说"代替了吗？较重物体比较轻物体下落快也被伽利略证明是错误的！

嗯！他的许多物理学观点后来确实被证明是值得商榷的，这也和当时的社会发展水平和认识水平有关，他的形式逻辑及哲学观点对西方科学的发展具有不可忽视的影响。

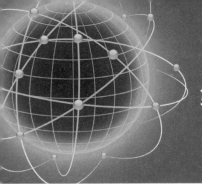

第二节
"只要给我一个支点，我就能撬动地球"
——阿基米德

司司、南南，你们还记得阿基米德吗？

伯文爷，我记得他给国王鉴定皇冠的故事，他因此还在洗澡的时候发现了阿基米德原理呢！

他还说过"只要给我一个支点，我就能撬动地球"这样的豪言壮语吧！

嗯！其实你们说的就是他的两大重要贡献。"阿基米德原理"传说是他在洗澡的时候悟到的，后又经过实验验证得出的，也叫"浮力定律"。南南说的其实是阿基米德的杠杆原理，也是非常著名的。

司司、南南，你们知道具体什么是"浮力定律"和"杠杆原理"吗？浮力定律：一个物体所受浮力等于他所排开的液体的重量。杠杆原理：两重物平衡时，它们离支点的距离与重量成反比。

本节内容 ▶

① 对物理学的两大贡献
② 其他物理学贡献
③ 数学贡献

1. 对物理学的两大贡献

阿基米德是古希腊最杰出的物理学家之一，静力学和流体静力学的奠基人，享有"力学之父"的美称。阿基米德对物理学的两个最大贡献是发现了"浮力定律"和"杠杆原理"。

图 1-2-1 阿基米德雕塑

2. 其他物理学贡献

阿基米德在光学、天文学以及机械制造方面还有重要贡献，曾将光学和机械原理用于反对外来侵略。

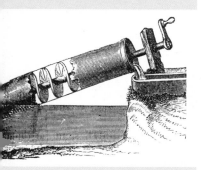

图 1-2-2　阿基米德螺旋提水机

谢谢小精灵！伯文爷，再给我们讲讲阿基米德的故事吧！

阿基米德是古希腊最杰出的数学家和力学的奠基人，享有"力学之父"的美称。他的父亲是天文学家和数学家，所以阿基米德从小受家庭影响，十分喜爱数学。大概在他九岁时，父亲就送他到埃及的亚历山大城念书。亚历山大城是当时世界的知识、文化中心，学者云集，他在此奠定了日后从事科学研究的基础。

据说阿基米德对于机械的研究源自于他在亚历山大城求学时期。有一天阿基米德在久旱的尼罗河边散步，看到农民提水浇地相当费力，经过思考之后他发明了一种利用螺旋作用在水管里旋转而把水吸上来的工具，后来人们把它叫做"阿基米德螺旋提水器"。在埃及，一直到2000年后的现在，还有人使用这种器械。这种工具成了后来螺旋推进器的先祖。

嗯！看来这也是他造福人类的一个发明。阿基米德应该还有其他的贡献吧？

当然有了！他在光学和天文学方面也有研究。据说他曾利用抛物镜面的聚光作用，把阳光集中照射到入侵叙拉古的罗马船上，让它们自己燃烧起来。他还利用水力制作了一座天象仪，用于天文观测。另外，还制造了起重机、投石机等机械。

3. 数学贡献

阿基米德流传于世的数学著作有十余种，集中探讨了求积问题，主要是曲边图形的面积和曲面立方体的体积，解决了许多数学难题。

伯文爷，听说阿基米德在数学上也有重要贡献？

是啊！其实比起在物理学上的贡献，他在数学上的贡献更大。他把数学引进了物理学，使物理学成为可定量研究的学问。他还解决了许多数学难题。

司司、南南，你们知道他的墓碑上写的是什么吗？是阿基米德在几何学上的一个重大发现：任一球面积是它外切圆柱表面积的三分之二，任一球体积是它外切圆柱体积的三分之二。这是他在几何学上的一个重要发现。

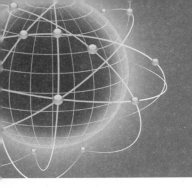

第三节
"地心说"的集大成者
——托勒密

伯文爷,为什么我们白天只能看到太阳,晚上只能看到月亮,它们是怎么运动的呢?

司司问得很好!其实我们人类一直在孜孜不倦地寻求太阳、月亮这些天上星体的运动规律。在16世纪前,我们还一直认为地球是宇宙的中心呢!

那么是谁提出"地球中心说"的呢?

1. "地心说"的提出

古希腊天文学家托勒密(约90~168)在前人理论的基础上完善了偏心圆和"本轮—均轮"系统,按照月亮、水星、金星、太阳、火星、木星、土星、恒星天球的顺序,提出了"地心说",即地球是宇宙的中心,其他的星球都环绕着地球而运行。

图 1-3-1　太阳系

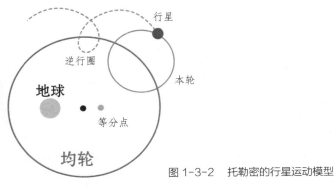

图 1-3-2　托勒密的行星运动模型

这个说来话长。希腊哲学家认为，天体只能做匀速圆周运动，但实际观察某些天体并非如此。柏拉图让他的学生们想出若干个圆周运动组合来解决这个矛盾。欧多克斯提出了以地球为中心的同心球体系；亚里士多德系统地提出了地心说"九重天"体系；为解决行星亮度变化和日蚀现象，阿波罗尼斯提出了"本轮—均轮"假设。后来希帕克斯用固定的偏心轮解释了太阳的视运动，用移动的偏心轮解释了月亮的视运动，用"本轮—均轮"解释了行星的运动。

哦！这么多人在为用圆周运动解释地心说努力啊！不过都好深奥啊！

是啊！最后托勒密继承和发展了希帕克斯的理论，创造了一个偏心轮、等距轮、本轮—均轮组成的表示一组匀速圆周运动组合的 80 个圆周模型，解释了太阳周年运动夏半年慢冬半年快的现象，以及星体的位置。由于托勒密的"地心说"理论能较精确地测算出太阳、月亮、行星的方位，"地心说" 1000 多年来在西方人们脑中根深蒂固。

2.《天文学大成》

托勒密是"地心说"的集大成者，他总结了希腊古天文学的成就，写成 13 卷本的《天文学大成》，确定了一年的持续时间，编制了星表，说明了旋进、折射引起的修正，给出了日月食的计算方法等。

克罗狄斯·托勒密是"地心说"的集大成者,生于埃及,父母都是希腊人。他总结了希腊古天文学的成就,写成13卷本的《天文学大成》,确定了一年的持续时间,编制了星表,说明了旋进、折射引起的修正,给出了日月食的计算方法等。巨著《天文学大成》是当时天文学的百科全书,直到开普勒的时代,都是天文学家的必读书籍。

最早亚里士多德提出"地心说",认为最外层的原动天有一个第一推动力"上帝",他推动恒星天转动,恒星天又推动其他诸天绕地球旋转。托勒密发展"地心说"后,被宗教利用来论证"人类中心",所以"地心说"得以流传1400多年。宗教深深地影响了西方科学的发展。

3."地心说"与宗教的关系

托勒密"地心说"简单、直观,最外层原动天上的上帝推动力符合宗教教义,因此,"地球中心"又被宗教利用来论证"人类中心",一直流传到16世纪。

嗯!听说牛顿晚年还专注于证明上帝的存在,最终没有结果。

是的!许多科学家受到宗教典籍和权威人物的影响。因此,我们在研究自然世界时,要有一个科学的态度,不惧权威,不迷信、不盲从,这样才能有新的科学发现,这也是一种科学精神。

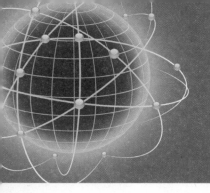

地球不是宇宙的中心
——哥白尼和"日心说"

司司、南南,你们知道哥白尼吧?

伯文爷,这个当然知道啦!哥白尼是天文学家,他提出了"日心说"。

对!他推翻了托勒密的"地心说",结束了"地心说"近2000年的统治!

看来你们知道的还真不少,不过也不能说"推翻"。托勒密的"地心说"在科学的发展过程中具有重要意义的,是因为认识水平的局限和研究方法的不当造成的。哥白尼曾这样评价托勒密的"地心说":"应该把自己的箭射向托勒密的同一个方向,只是弓和箭的质料要和他完全两样。"

哦,伯文爷,那您给我们讲讲哥白尼的故事吧!

---

1. "日心说"的提出

波兰科学家哥白尼经过长期观测和研究,40岁时提出了"日心说",并经过长年的观察和计算完成了伟大著作《天球运行论》。在他的"日心说"体系中,太阳位于宇宙的中心,已知的5颗行星和地球绕太阳旋转。

图1-4-1 哥白尼雕像

2. "日心说"的历史意义

"日心说"简洁、精确地解释了星体运行的规律,打破了占统治地位近2000年之久的"地心说"体系,动摇了宗教教义的基础,启发了开普勒和牛顿的研究工作。

哥白尼生于波兰维斯杜拉河畔托伦市的一个富裕家庭。10岁时,父亲去世了,舅父承担起了抚育他的重任。18岁时就读于波兰旧都的克莱考大学,学习医学,同时他对天文学也产生了浓厚兴趣。1496年23岁的哥白尼到意大利博洛尼亚大学和帕多瓦大学攻读法律、医学和神学。哥白尼在博洛尼亚大学学到了天文观测技术以及希腊的天文学理论,后来在费拉拉大学获宗教法博士学位。哥白尼医术高明,成年的大部分时间是在费劳恩译格大教堂任职,做一名教士。

图1-4-2　哥白尼纪念邮票

原来他是大教堂的教士啊?

对!他不是一位职业天文学家,而是一名教士。但他在教堂城墙的一角有座箭楼,哥白尼用它建立了一个小天文台。他自制了多种仪器,孜孜不倦地从事天文观测和研究达30多年。

哦!那他是怎么提出"日心说"的呢?

哥白尼在意大利留学时阅读了大量的古希腊学者的著作,著作中有人把周日或周年运动归于地球自身的转动,哥白尼受到其中地球运动思想的启发,提出了以太阳为中心的宇宙结构体系。他深受毕达哥拉斯学派的影响,用尽可能少的匀速圆周运动的组合构建了一个宇宙体系,比托勒密更好地体现出古希腊天文学家的原则。

　　哥白尼"日心说"体系有着简单和谐的美,把托勒密解释星体运动的圆从80多个减少到34个,把每个行星轨道的大小、运动的速率和排列顺序关联。以太阳为中心,天体从远到近依次是:恒星天球,不动;土星,30年转1周;木星,12年转1周;火星,2年转1周;地球和月亮,1年转1周;金星,9个月转1周;水星,80天转1周。哥白尼还计算出了各个行星到太阳的距离。

　　哥白尼表述了运动相对性的思想,为解释行星的运动开辟了动力学途径,启发了开普勒发现行星运动规律和牛顿提出万有引力定律。但是哥白尼沿袭亚里士多德的观点,认为宇宙是有限的,最外层的原动天是上帝的空间,仍然用匀速圆周运动、偏心轮和均轮—本轮的组合来说明天体的运动,直到开普勒用第谷的观测数据,发现行星运动的轨道是一个椭圆,太阳位于椭圆的一个焦点上。

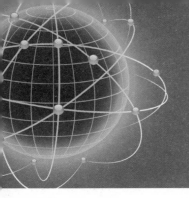

第五节
"胆敢藐视权威"
——伽利略和双斜面实验

司司、南南,你们知道物体为什么运动和静止吗?

我知道,因为有力的作用。静止的物体当我们用足够大的力推它时,它就会动,不推它,它就会停下来了。

1. 牛顿第一定律

牛顿第一定律又称"惯性定律",即一切物体总保持匀速直线运动状态或静止状态,除非有外力迫使它改变这种状态。

你是说没有外力作用时,物体一定会静止了?

当然了! 没有外力作用物体难道还会自己跑? 不踢足球难道它还会自己飞出去?

呵呵! 看来你们是被自己的眼睛欺骗了! 其实我们在前面聊亚里士多德的时候就说过,他也认为:凡是运动的物体,一定有推动者在推着它运动,他的这一观点后来在欧洲长期占统治地位,直到另一位伟大的科学家伽利略的出现,才有力地驳斥了他的观点。

图 1-5-1 踢足球(中国剪纸)

一切物体总保持匀速直线运动状态或静止状态，除非有外力迫使它改变这种状态。这就是伽利略认识到的后来牛顿总结的牛顿第一定律，又叫"惯性定律"。

哦！可是我们的汽车为什么熄火后一会儿就停下了呢？足球为什么不踢它一会儿就停在草地上了呢？

这是因为有摩擦阻力的影响，阻力使汽车和足球停下来了。如果没有阻力，汽车和足球将会永远运动下去。

哦，原来这样啊！我只知道伽利略驳斥了亚里士多德提出的"重的物体会比轻的物体先到达地面"的错误观点。可是我们生活中到处都有力，伽利略是怎么证明他的观点的呢？难道他去了太空？

呵呵，当然不可能了！他想去也去不了啊！这就要说到他著名的双斜面实验了。

2. 双斜面实验

伽利略设计了两个斜面实验，一个实验证明了物体的惯性定律，认为静止和匀速直线运动是惯性自由运动；另一个实验证明了自由落体定律。

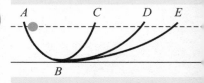

图1-5-2　伽利略理想斜面实验（一）

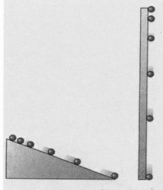

图1-5-3　伽利略理想斜面实验（二）

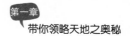

3. 科学贡献

伽利略是一个多产的科学家,他对运动学做了深入研究,包括对牛顿第一定律的贡献、自由落体运动的研究、运动基本概念的研究、单摆的研究,并确立了伽利略相对性原理。他还发明了温度计,制作了世界上第一架天文望远镜,通过观察有力驳斥了"地心说"。

1604 年,伽利略设计了著名的理想斜面实验。他将两个斜面对接起来,让小球沿一个斜面从静止滚下,小球将滚上另一斜面。如果无摩擦,小球将上升到原来的高度。他推论:如果减小后面斜面的倾角,小球在这个斜面达到原来的高度就要通过更长的距离;然后使后面斜面的倾角越来越小,小球将会滚得越来越远;如果将后面斜面改成水平面,小球就永远达不到原来的高度,而要沿水平面以恒定速度持续运动下去。

哦,伽利略太聪明了!

4. 科学研究方法

伽利略把观察、实验和数学相结合进行科学探究。在斜面实验前,他先用几何图形分析和逻辑推理得出时间平方关系,然后通过实验验证,将逻辑推理和数学描述,现实实验和理想实验有机结合,得出科学结论。

伽利略发现自由落体定律,也是通过斜面实验。因不能对自由下落的物体的匀加速运动进行测量,伽利略用物体沿斜面下滑代替自然下落运动,伽利略把斜面倾斜度逐步升高,发现斜面上物体的下落距离与所用时间平方成比例,速度与时间成比例增加。即在忽略摩擦力时,物体从同一高度,沿不同倾斜面达到底端所用时间相等,末速度相同。这两个斜面实验启发牛顿提出了牛顿第一定律和牛顿第二定律。

看来这两个斜面实验真不简单啊!伯文爷,快给我们讲讲伽利略吧!

伽利略出生在意大利西海岸比萨城一个破落的贵族之家。据说他的祖先是佛罗伦萨很有名望的医生,但是到了他父亲这一代,家境日渐败落。小时候,伽利略很想将来做一个献身教会的传教士,但父亲劝说他考进了著名的比萨大学成了医科学生。但伽利略对医学并没有多大兴趣,就孜孜不倦地学习数学、物理学等自然科学,并且总以怀疑的眼光看待自古以来被人们奉为经典的诸多学说。

医科学生居然也能自学在物理学方面取得这样的成就,真不容易! 那伽利略还有其他的科学贡献吗?

伽利略是一个多产的科学家,他对运动基本概念,包括重心、速度、加速度等都作了详尽研究并给出了严格的数学表达式。他还研究单摆运动,发现了摆的等时原理,确立了伽利略相对性原理。他还是近代实验物理学的开拓者,被誉为"近代科学之父"。

伽利略发现从同一高度沿不同弧线摆动的摆锤到达最低点时获得的速度是相同的,之后便发现了摆的等时原理,即摆长固定时,摆动一周所需时间是相同的,与摆幅大小无关。伽利略相对性原理认为,所有惯性系都是平等的,不能用任何实验区分一个系统是静止还是匀速直线运动。

5. 科学精神

伽利略敢于批判亚里士多德,呼吁不要把《圣经》当做科学教科书。伽利略具有敢于挑战权威,不墨守成规,善于思考、观察和实验的科学精神。

你们知道最早的温度计是谁发明的吗?

不会也是伽利略吧?

对啊! 就是伽利略在 1593 年发明的。他还研究材料力学,晚年写出的力学著作《关于两门新科学的谈话和数学证明》中有不少关于材料力学的内容,并正确给出了梁的抗弯能力和几何尺寸的力学关系。

图 1-5-4 伽利略纪念邮票

司司、南南,你们知道吗? 伽利略还制作了世界上第一架天文望远镜,可以放大 30 倍左右。他正是用自己发明的望远镜,看到了天空星体的一些从未见过的新现象,驳斥了统治千余年的亚里士多德和托勒密的"地心说",支持了哥白尼的"日心说"。

伽利略有这么多的成就,我真希望自己能像他那样,成为一个伟大的科学家。

很好！要实现理想首先是要对学习的内容有兴趣，并善于思考，不墨守成规，掌握科学的研究方法，同时要有不惧权威和勇于探索的精神。伽利略正是由于不惧权威，敢于挑战传统观点，并运用科学的方法，把数学和实验完美结合，得出与事实相符的科学结论，才有如此大的成就。

伽利略用望远镜看到的现象使他坚信哥白尼的"日心说"，在布鲁诺因为宣传"日心说"被杀害后，伽利略仍未停止研究，还写了《关于托勒密与哥白尼两个世界体系的对话》论证"日心说"，他也因此受到宗教裁判所的软禁。伽利略晚年很凄惨，双目失明，唯一的女儿也离他而去。

第六节
苹果砸到了巨人
——牛顿

司司、南南，你们还记得牛顿吧？

本节内容 ▶

① 牛顿三大定律
② 科学贡献
③ 科学方法论

当然了。我还读过牛顿看到苹果落地发现了万有引力的故事呢！

1. 牛顿三大定律

牛顿在伽利略等人工作的基础上进行深入研究,总结出了物体运动的三个基本定律。牛顿第一定律描述了力与运动的关系;牛顿第二定律是力的瞬时作用规律;第三定律强调了作用力与反作用力的关系。

2. 科学贡献

除万有引力定律和三大基本定律外,牛顿还阐明了动量角动量守恒,发明了反射式望远镜,发展了光的色散理论,表述了冷却定律,并研究了声速。他在数学和哲学方面也有很多贡献。

听说人们为了纪念他,才将力的单位以"牛顿"命名的。

看来你们确实都有所耳闻了!那你们知道牛顿一生除了发现万有引力以外还有哪些巨大的科学贡献吗?

呃……好像还有牛顿三大定律,其他就不清楚了。

我还听说他是个数学家呢!

牛顿对科学的贡献是十分大的。除万有引力定律和三大基本定律外,在力学上,他阐明了动量角动量守恒之原理。在光学上,他发明了反射式望远镜,并基于对三棱镜将白光发散成可见光谱的观察,提出了光的色散理论。他还系统地表述了冷却定律,并研究了声速。在数学上,牛顿与莱布尼茨分享了提出微积分学的荣誉。他也证明了广义二项式定理,提出了"牛顿法"以趋近函数的零点,并为幂级数的研究做出了贡献。

这么多啊，真够厉害的！伯文爷，给我们讲讲牛顿的家庭背景吧！

牛顿诞生于英国东南部林肯郡的小镇乌尔斯索普的一个农民家庭。他出生前三个月，父亲已经去世了。三年后，母亲改嫁，牛顿便由他的外祖母抚养。牛顿小时候并没有显露出过人的天赋。但他爱好读书，对自然现象有好奇心，且喜欢动手。

3. 科学方法论

牛顿在科学方法论上的贡献正如他在物理学特别是力学中的贡献一样，不只是创立了某一种或两种新方法，而是形成了一套研究事物的方法论体系。他提出了几条方法论原理："实验—理论"应用方法；"分析—综合"方法；"归纳—演绎"方法；"物理—数学"方法。

原来他的童年生活这么曲折啊！

嗯！不过或许正是这样的童年生活造就了这样的伟人。他学习刻苦，很爱钻研思考，研究领域包括了物理学、数学、天文学、神学、自然哲学和炼金术。牛顿1665至1667年在故乡躲瘟疫时发现了万有引力和光的色散理论，创建了微积分。为纪念他的成就，人们将力的单位命名为"牛顿"。

图 1-6-1　牛顿纪念邮票

司司、南南,你们知道吗?牛顿除了留给我们重要的科学贡献外,还在科学方法上做出了巨大贡献。在他的《自然哲学之数学原理》一书中集中体现了以下几种科学方法:"实验—理论"应用方法;"分析—综合"方法;"归纳—演绎"方法;"物理—数学"方法。牛顿的哲学思想和方法论体系被爱因斯坦赞为"理论物理学领域中每一位工作者的纲领"。

第七节
用字谜公布奥秘
——胡克

本节内容

① 物理学成就
② 胡克定律
③ 其他贡献

司司,你知道是谁发现细胞的吗?

不知道,肯定是某个生物学家吧?

呵呵,细胞是英国著名的博物学家、物理学家、天文学家、发明家罗伯特·胡克发现的。

1. 物理学成就

在物理学研究方面,他提出了描述材料弹性的基本定律——胡克定律,发现了万有引力的平方反比关系,提出了光的波动说,并进行了大量光学实验,设计制作了显微镜、望远镜等多种光学仪器。

胡克是 17 世纪英国最杰出的科学家之一,他在力学、光学、天文学等多方面都有重大成就。他所设计和发明的科学仪器在当时是无与伦比的,被誉为英国的"双眼和双手"。他发明的很多设备至今仍在使用。他还在城市设计和建筑方面有着重要的贡献。

啊？又是一个牛人啊！那他在物理学方面有哪些贡献呢？

2. 胡克定律

胡克定律是力学基本定律之一，是适用于一切固体材料的弹性定律。它指出：在弹性限度内，物体的形变量跟引起形变的外力大小成正比。这个定律是英国科学家胡克发现的，所以叫做"胡克定律"。

光学方面，他提出了光的波动说，认为光的传播与水波的传播相似，并进行了大量的光学实验，特别是致力于光学仪器的研制。力学方面，他在 1679 年给牛顿的信中首次正式提出了引力与距离平方成反比的观点，但由于缺乏数学手段，还没有得出定量的表示。另外，他还发现了著名的胡克定律。

哦，原来牛顿发现万有引力定律也跟他有关系的啊！

图 1-7-1　为什么拉得越长越费劲？

对于万有引力理论，英国媒体曾报道可能并不是牛顿先发现的，而是罗伯特·胡克。英国历史学家曾指出，胡克之所以默默无闻，不为世人所知，可能因为他死后不久，牛顿就当上了英国皇家学会的主席，胡克实验室和胡克图书馆就被解散了，胡克的所有研究成果、研究资料和实验器材或被分散或被销毁。背后主要的原因是在发现"平方反比关系"优先权的争夺中得罪了牛顿。但真相究竟如何，还有待证实。

3. 其他贡献

在天文学方面，胡克用自制望远镜发现了猎户星座的第五星，第一个提出木星绕轴旋转。他还对火星进行过详细观察并进行描述；在机械制造方面，他设计制造了真空泵、显微镜和望远镜，并将自己用显微镜观察研究的成果写成《显微术》一书；"细胞"的原文"cell"，即由他命名。中文翻译后即称为"细胞"。

图 1-7-2　它为什么能称重？

还有这样的事啊！那胡克定律具体内容是什么呢？

1676 年胡克对金属器件，特别是弹簧的弹性进行研究后，发表了一条拉丁语字谜"ceiiinosssttuv"。这是当时惯例，如果还不能确认自己的发现，则先把发现打乱字母顺序发表，确认后再恢复正常顺序。两年后他公布了谜底"ut tensio sic vis"，意思是"力如伸长（那样变化）"，即应力与伸长量成正比的胡克定律。

那胡克在其他方面还有哪些贡献呢？

胡克是第一个制造格雷果反射望远镜的人。1664 年他用这台望远镜发现了猎户星座的第五星，第一个提出木星绕轴旋转。他还对火星进行过详细观察并进行描述，这一成果在 19 世纪被用作确定火星旋转速度的依据。1665 年他用自己制造的显微镜观察植物组织，发现了植物细胞（实际上看到的是细胞壁），并命名为"cell"，至今仍被使用。他还发明了轮式气压计、测深仪、海水取样器、验湿仪、风速计、雨量计、气候钟等。

又是一个"多产"的科学家啊!

奠定胡克科学天才声望的要数《显微制图》一书。该书于 1665 年 1 月出版,引起轰动。《显微制图》一书包括 58 幅图画,在没有照相机的当时,这些图画都是胡克用手描绘的显微镜下看到的情景。科学界才发现显微镜给人们带来的微观世界和望远镜带来的宏观世界一样丰富多彩,胡克绘画的天分也得到充分展现。可惜的是,胡克自己的画像却一张也没有留存下来,据说唯一的一张胡克画像毁于牛顿的支持者之手。

胡克还是一位建筑师。1666 年 9 月伦敦大火,大部分伦敦建筑被毁。查理二世命令克里斯多佛·雷恩爵士负责城市建筑重建,雷恩提名胡克负责受灾情况的调查和统计。在随后的重建过程中,胡克负责了近一半的调查、测量和调解地产纠纷的工作,并协助设计了伦敦大火纪念碑、格林尼治天文台等建筑。

太不可思议了!居然还有这样的全才!伯文爷,再介绍下胡克的人生经历吧!

胡克 1635 年生于怀特岛的一个乡村牧师家庭,终生未婚。1653 年作为工读生进入牛津大学学习,两年后成为玻意耳的助手,1663 年获硕士学位。1662 年起任伦敦皇家学会实验主持人,1663 年成为正式会员。1665 年担任伦敦格雷舍姆学院几何教授。1677 ～ 1683 年任伦敦皇家学会秘书,并负责出版会刊。在 20 多年的学会活动中,胡克担负实验和事务性工作。1703 年 3 月 3 日在伦敦逝世,享年 68 岁。

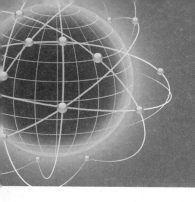

第八节
他不相信自然界"害怕真空"
——托里拆利

伯文爷,我看到宇航员在太空中好像很轻的样子,总是漂着呢!是因为太空中是真空吗?

不错!你了解真空吗?

本节内容 ▶

① 真空
② 托里拆利实验

1. 真空

真空是一种不存在任何物质的空间状态,是一种物理现象。在真空技术里,真空系针对大气而言,一特定空间内部的部分物质被排出,使其压力小于一个标准大气压,则我们称此空间为真空或真空状态。真空常用帕斯卡(Pascal)或托尔(Torr)作为压强的单位。

我就是听说过,但是不知道真空具体是什么。

哦!真空简单地说就是一种不存在任何物质的空间状态,一种物理现象。

目前在自然环境里,只有外太空堪称最接近真空的空间。在"真空"中,声音因为没有介质而无法传递,但电磁波的传递却不受影响。

图 1-8-1　宇航员在太空

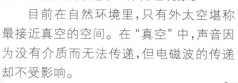

那真空是谁最早发现的呢?是宇航员吗?

027

哈哈，不是！真空是意大利物理学家、数学家托里拆利通过实验证明其存在的。1643年6月，意大利科学家托里拆利首先进行了这个实验，故名托里拆利实验。这个实验测出了1标准大气压的大小。

托里拆利实验：一只手握住玻璃管中部，在管内灌满水银，排除空气，用另一只手的食指紧紧堵住玻璃管开口端把玻璃管小心地倒插在盛有水银的槽里，待开口端全部浸入水银槽内时放开手指，将管子竖直固定。我们会发现当管内外水银液面的高度差约为760mm时，它就会停止下降。无论倾斜程度和玻璃管长度如何，管内水银柱的垂直高度总是760mm。说明管内确实没有空气，而管外液面上受到大气压强，正是大气压强支持着管内760mm高的水银柱，也就是大气压跟760mm高的水银柱产生的压强相等。

这个实验测出了1标准大气压的大小，怎么又会发现真空呢？

托里拆利实验中充满水银的玻璃管，倒置于水银槽中，水银下降至一定高度即停止降落，这是因为管内的水银重量被作用于水银槽中水银上表面的大气压所支持。此时，在管内水银上面除了水银蒸气外，并无任何物质，因为水银蒸气的气压极低（在20℃时只有0.001 2mm水银柱），所以几乎可看作是真空，这就叫做"托里拆利真空"。

2. 托里拆利实验

1643年6月，意大利科学家托里拆利通过水银柱实验测出了1标准大气压的大小，因为他首先进行了这个实验，故把这个实验命名托里拆利实验。实验说明：正是大气压强支持着管内760mm高的水银柱，也就是大气压跟760mm高的水银柱产生的压强相等，进而算出了1标准大气压的大小。这一实验还为真空的发现做出了巨大贡献。

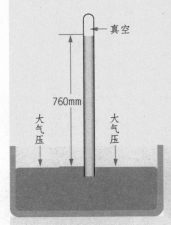

图1-8-2 托里拆利实验

图 1-8-3　托里拆利纪念
　　　　　邮票

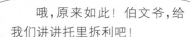

哦，原来如此！伯文爷，给我们讲讲托里拆利吧！

托里拆利出身于贵族家庭，幼年时就表现出数学才能，20 岁时到罗马在伽利略早期学生卡斯特利的指导下学习数学。1641 年写了第一篇论文《论自由坠落物体的运动》，发展了伽利略关于运动的想法，经卡斯特利推荐会见了伽利略。此时的伽利略已双目失明，终日卧在病床上。在伽利略生命的最后三个月中，他的学生维维安尼和托里拆利担任了他口述的记录者，托里拆利也成了伽利略最后的学生。伽利略去世后托里拆利接替伽利略做了宫廷数学家，遗憾的是他 39 岁时就英年早逝了。

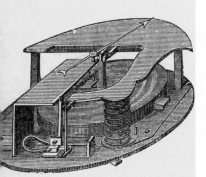

图 1-8-4　托里拆利气压计

好可惜啊！那托里拆利是在伽利略指导下发现真空的吗？

不是。他是和伽利略的另一位学生维维安尼在一起进行的实验。不过伽利略也有所研究，他做过称量空气的实验，证明空气有重量，但仍认为可能有一种"真空阻力"，因为他发现抽水机不能把水抽到 10m 以上的高度。

当时罗马、佛罗伦萨的学者们热烈讨论着自然的本性是否"厌恶真空"，亚里士多德的"大自然厌恶真空"的说法占上风。托里拆利不相信大自然"厌恶真空"，在实验中把装满水银的玻璃管一端封闭，开口端插入水银槽中，水银柱上端玻璃管显然是真空的(接近真空，有少量水银蒸气存在)。

托里拆利还是一个非常严谨而且敢于面对权威的人。虽然热爱和尊敬自己的导师卡斯特利，但是他并不盲从，对于导师的错误，他也敢于纠正，因此获得了导师的赞赏。

1628年，托里拆利的导师卡斯特利出版了一本有关流体力学的著作，托里拆利发现书中关于液体从容器底部小孔流出的速度和小孔离液面高度成正比的结论与实验不符，经过反复测量和计算，提出了关于液体从小孔射流的定理，即托里拆利定理。他把自己的发现公开发表，卡斯特利看到这篇文章以后十分高兴，认定托里拆利大有发展前途，让他当自己的秘书，还把他推荐给自己的导师伽利略。

托里拆利的导师真是一位让人尊重的胸怀宽广的老师。

是的。托里拆利没辜负导师的期望。他制作了世界上第一个水银气压计，在磨制精良透镜和将伽利略气体温度计改为液体温度计方面也获得了成功。另外，他还具有很高的数学造诣。

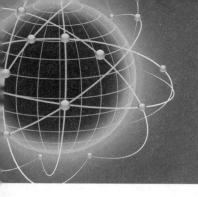

第九节
"我不是牛顿，我是帕斯卡"
——帕斯卡

1. 帕斯卡

帕斯卡(符号 Pa)是国际单位制(SI)的压力或压强单位。在不致混淆的情况下,可简称"帕"。1 帕(Pa)=1 牛/米²(N·m⁻²)

图1-9-1 布莱士·帕斯卡画像

司司、南南,给你们讲个故事吧! 有一次,所有在天堂的科学家玩躲藏游戏。轮到爱因斯坦找人,所有人都藏起来了,除了牛顿。牛顿在爱因斯坦前面的地上画了一个边长1m的正方形,并站在中间。爱因斯坦数完,看见牛顿站在前面,就叫道:"牛顿出局"。牛顿说:"我没有出局,因为我不是牛顿。"这时候所有的科学家都出来了,然后大家都证明他真的不是牛顿。为什么? 你们知道吗?

咦,这是怎么回事呢? 是找到牛顿了啊!

牛顿站在边长1m的正方形中? 1m²? 1N? 哦,我知道了! 压强单位是帕斯卡,1帕斯卡等于1牛顿每平方米,他说自己是帕斯卡!

司司真聪明！牛顿就是这样回答的。那你们知道为什么用帕斯卡作为压强单位吗？

肯定是为了纪念帕斯卡的科学贡献吧！

对！是为了纪念法国数学家、物理学家兼哲学家布莱士·帕斯卡。

既是物理学家又是数学家啊？那他都有哪些贡献呢？

物理学上他提出了帕斯卡原理，发明了注射器、水压机，改进了托里拆利的水银气压计等。他还发现了大气压强随着高度变化的规律，在海拔越高的地方，玻璃管中的液柱越短。1649 年到 1651 年，帕斯卡同他的合作者皮埃尔（Perier）详细测量了同一地点的大气压变化情况，成为了利用气压计进行天气预报的先驱。

2. 帕斯卡原理

帕斯卡原理也称"静压传递原理"：加在密封液体上的压强，能够大小不变地由液体向各个方向传递。这就是说，在密闭容器内，施加于静止液体上的压强将以等值同时传递到各点。

3. 物理贡献

帕斯卡提出了帕斯卡原理，发明了注射器、水压机，改进了托里拆利的水银气压计，发现了大气压强随着高度变化的规律，是利用气压计进行天气预报的先驱。

4. 数学贡献

帕斯卡的数学造诣很深,在概率论、几何与代数研究中有很多成果。他研究了摆线问题,得出了不同曲线面积和重心的一般求法;计算了三角函数和正切的积分,最早引入了椭圆积分。

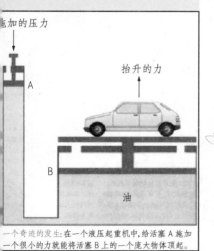

施加的压力

抬升的力

A

B

油

一个奇迹的发生:在一个液压起重机中,给活塞 A 施加一个很小的力就能将活塞 B 上的一个庞大物体顶起。

图 1-9-2　你知道其中的奥秘吗?

那什么是帕斯卡原理呢?

根据静压力基本方程($P=P_0+\rho gh$),盛放在密闭容器内的液体,其外加压强 P_0 发生变化时,只要液体仍保持其原来的静止状态不变,液体中任一点的压强均将发生同样大小的变化。这就是说,在密闭容器内,施加于静止液体上的压强将以等值同时传递到各点,这就是"帕斯卡原理",或称"静压传递原理"。

现在的液压机就是帕斯卡原理的实例。帕斯卡 1648 年表演了一个著名的实验:他用一个密闭的装满水的桶,在桶盖上插入一根细长的管子,从楼房的阳台上向细管子里灌水。只用了几杯水,就把桶压裂了,桶里的水从裂缝中流了出来。这就是历史上有名的帕斯卡桶裂实验。

哦,那他的数学贡献又是什么呢?

帕斯卡的数学造诣很深。除对概率论等方面有卓越贡献外，最突出的是著名的帕斯卡定理。帕斯卡定理是射影几何的一个重要定理。在代数研究中，他发表过多篇关于算术级数及二项式系数的论文，发现了二项式展开式的系数规律，即著名的"帕斯卡三角形"（在我国称"杨辉三角形"）。他与费马共同建立了概率论和组合论的基础，并得出了关于概率论问题的一系列解法。他研究了摆线问题，得出了不同曲线面积和重心的一般求法，还计算了三角函数和正切的积分，最早引入了椭圆积分。

这么厉害啊！确实是名副其实的数学家！

1642 年，刚满 19 岁的帕斯卡设计制造了世界上第一架机械式计算装置——加法器。这一创造现陈列于法国博物馆中——它用齿轮的运转来进行加减运算，成为后来更为复杂计算机的雏形。帕斯卡认为人的某些思维过程与机械过程没有差别，人类完全可以设想出机械来模拟人的思维活动。1971 年面世的计算机 PASCAl 语言就是为了纪念帕斯卡。

1655 年，帕斯卡进入神学中心披特垒阿尔研究神学，写下《思想录》（1658）等经典著作。他从怀疑论出发，认为感性和理性知识都不可靠，信仰高于一切。1670 年《帕斯卡思想录》一书在法国首版。该书被认为是法国古典散文的奠基之作，与《蒙田随笔集》、《培根人生论》一起，被人们誉为欧洲近代哲理散文三大经典。

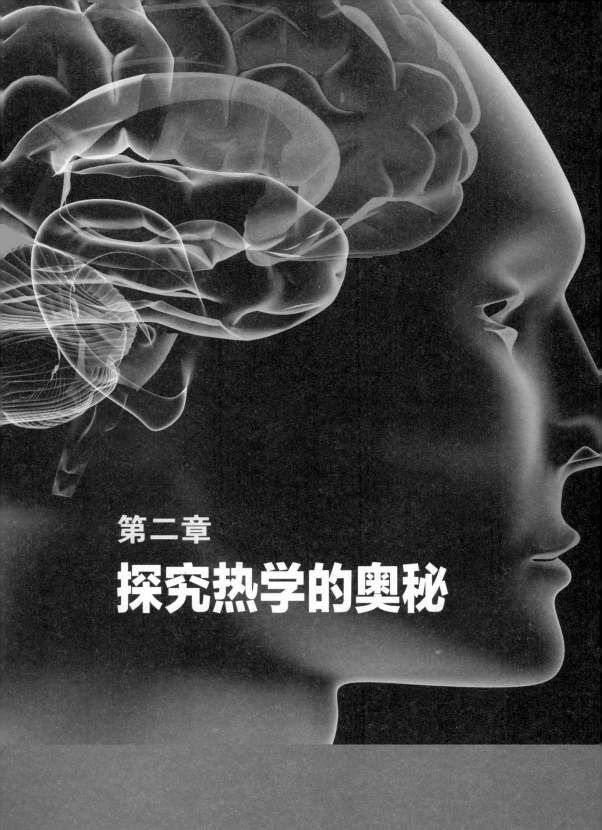

第二章

探究热学的奥秘

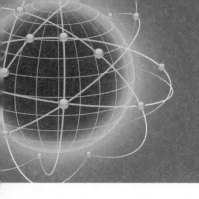

第一节
温度计的诞生与发展
——从伽利略到摄尔修斯

1. 温度计制作原理

常用温度计是根据物体热胀冷缩的性质制成的。

伯文爷,我们家的温度计里面装的什么东西呢? 为什么会移动啊?

呵呵! 这就要搞清楚温度计的制作原理了。常用温度计是根据物体热胀冷缩的性质制成的,里面装有汞、煤油或酒精等液体,温度升高,液体膨胀,温度降低,液体收缩,所以你会看到液面上下移动。家里的温度计通常又叫"寒暑表",管内装的酒精,用来测量气温高低。

哦,那温度计是谁发明的呢?

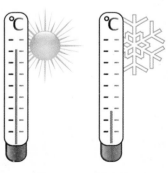

图 2-1-1　温度计

最早有意识地依靠热胀冷缩来显示温度的是16世纪的几位科学家，其中最著名的是伽利略，1593年他发明了温度计。据他的学生描述，有一天，伽利略取一个鸡蛋大小的玻璃泡接到像麦秸一般粗的玻璃管上，管长约半米。他用手掌将玻璃泡握住，使之受热，然后倒插入水中，等玻璃泡冷却后，水升高约二三十厘米。伽利略用水柱的高度表示冷热程度，测量了不同地点、不同时候的相对温度。

2. 温度计的发明与改进

1593年，伽利略发明了温度计。此后约150年间，众多科学家对其进行了改进与发展。

哦，原来伽利略用的不是我们今天这样的温度计啊！

温度计可是众多科学家努力的结晶哦！从伽利略发明温度计到摄尔修斯提出摄氏温标，大约经过了150年。在这些漫长的岁月里，先后有法国科学家雷伊、荷兰科学家惠更斯、英国科学家牛顿、丹麦学者罗默、德国人华伦海特、瑞典天文学家摄尔修斯等众多科学家尝试对温度计进行改进。温度计刻度标准是科学家不断探索的方向。后来华伦海特在罗默的启发下，创制了华氏温标，摄尔修斯创制了摄氏温标。

图 2-1-2　伽利略最早使用的温度计

哦，原来这样啊！那摄氏温标和华氏温标又是怎么回事呢？

温度计发明后，科学家逐渐认识到，为了有效地测量温度，必须选取某些温度作为标准点，这样才适于推广。科学家先后尝试选择水的冰点和沸点、大茴香油的凝固点、人体温度、冰水和食盐的混合温度等作为标准点。1714年，德国人华伦海特用水银代替酒精作为测温物质，他做了许多实验研究水的沸腾，并最终确立了华氏温标，以"℉"表示。

3. 华伦海特与华氏温标

1714年，德国人华伦海特将结冰的盐水混合物的温度定为 0 ℉，以健康人的体温为 96 ℉，中间的 32 ℉ 正好是冰点，后来又确定水的沸点是 212 ℉，这就叫"华氏温标"，以"℉"表示

4. 摄尔修斯与摄氏温标

瑞典的天文学家摄尔修斯在 1742 年创制了摄氏温标，后经克里斯廷改进，成了今天我们使用的摄氏温标，用"℃"表示。冰点和沸点分别记作 0℃和 100℃

那摄氏温标呢？

这是瑞典的天文学家摄尔修斯在 1742 年创制的一种温标，他在水的冰点和沸点间划分了 100 等份，就是我们今天用的百分制温标。但是，他为了避免冰点以下出现负温度，定冰点为 100 度，沸点为 0 度，后来克里斯廷将其倒过来，改成了今天我们使用的摄氏温标，用"℃"表示。

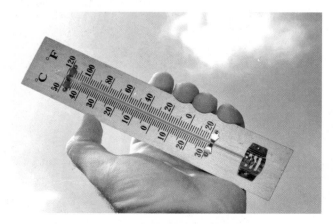

图2-1-3　温度计（两种温标刻度）

司司、南南,你们知道吗? 在国际单位制中,温度的量度使用热力学温标(也称"开氏温标"、"绝对温标"),单位是"开尔文",简称"开",用"K"表示。热力学温标是英国科学家威·汤姆逊(开尔文勋爵)创立的,它是以"-273℃"为零点的温标。三种温标是可以相互转换的,想知道他们之间的关系吗? 快去查资料吧!

第二节
热容量与热质说
——布莱克

图 2-2-1 暖气片

本节内容

① 比热容
② 热容量的发现
③ 热质说
④ 潜热

1. 比热容

物理学规定:单位质量的物质温度每升高(或降低)1℃所吸收(或放出)的热量为该物质的比热容,符号是"c"。

司司、南南,你们有没有想过我们的暖气片中为什么装的是水而不是其他液体呢?

2. 热容量的发现

布莱克经过大量的实验,发现了热容量,后经他的学生在 1803 年将这一概念加以发展,提出不同物质具有不同比热容。

因为水到处都是啊!很方便,而且很便宜。

哈哈,你说的也对!但用水还有一个更深刻的物理原因,那就是水的比热容很大。

司司、南南,你们知道什么是比热容吗?比热容是物质的一种属性,不同物质的比热容一般是不同的。比如,水的比热容是 4.2×10^3 J/(kg·℃),表示 1 kg 水的温度每升高(或降低)1℃所吸收(或放出)的热量是 4.2×10^3 J。

图 2-2-2 布莱克画像

哦,我明白了。当我们把一定量水加热到一定温度,送到各家各户,水要降温,每降 1℃所放出来的热量是很大的。这样,水降低一定的温度,就能够为家庭提供足够的热量来保证一定的室温了。

哦,我也明白了。那是谁提出的比热容呢?

"比热量"这个概念是英国的化学家布莱克提出的。

司司、南南，你们知道吗？布莱克不仅在物理学上做出了杰出贡献，为现代热学奠定了基础，还在化学上做出了重大贡献。他第一个发现是二氧化碳，当时称为"固定空气"，可从矿物分解和物质燃烧及发酵中产生。他测量了碳酸钙加热时的重量损失，指出重量减少是由于"固定空气"逸出。布莱克对二氧化碳的研究所做出的另一重要贡献，是初步揭示了碱的苛性本质，这是对燃素说有力的否定。此外，他还发明了量热器。

哇唔！太厉害了！那他怎么发现比热容的呢？

在此之前，化学家布尔哈根提出了这样一个问题："将 40℃ 水和同体积的 80℃ 水相混合，混合后温度应为 60℃"，实验证明，情况正是如此。但是当他将 40℃ 水和同体积的 80℃ 酒精混合，就低于 60℃。他没有办法解释这一事实。布莱克研究了不同温度的水和水银混合后的温度，认识到混合后的温度既不与这两种物质的体积成正比，也不与重量成正比。他说："以等量的热质加热水银比加热等量的水更有效，要使等量的水银增加同样的热度（指温度），更少的热质即已足够……可见，水银比水对热质具有更小的容量。"就这样，布莱克发现了热容量，后经他的学生加以发展，就成了我们前面说的比热容。

原来这样啊！

3. 热质说

热质说是18世纪盛行的一种对热的本质认识的错误理论。大意是：热是一种特殊的物质,这种物质(热质)在自然界中普遍存在,总量守恒,即看不见也摸不着,没有固定的形态,总是伴随着各种物体。物体温度升高,所含热质增多,温度降低,热质就转移到别的物体。

4. 潜热

物质发生相变(物态变化),在温度不发生变化时吸收或放出的热量叫做"潜热"。

布莱克说的那个"热质"是什么东西呢?

看来你已经注意到了。这其实是当时对热的本质的一种错误认识,物理学上称为"热质说"。不过,布莱克这里的热质其实指的就是"热量"。

司司、南南,你们知道吗? 其实科学家也会犯错误的。布莱克的工作使他的热质概念得以巩固,甚至到18世纪末成了热学的统治学说,但后来科学家还是正确认识了热的本质,抛弃了"热质"的错误概念。不仅布莱克,你们熟知的亚里士多德、伽利略、牛顿还有爱因斯坦也都曾经在科学研究中犯过错误,但这并不影响他们在科学界的地位,他们为科学事业的发展做出了巨大贡献。

司司、南南,你们有没有发现这么一种现象,在冰融化成水的过程中,你用火或电加热,这个过程中冰的温度并不变化。

嘿嘿! 这个真没有研究过!

布莱克就注意到了这一点。他做了一个实验,把0℃的冰块和相等重量的80℃的水相混合,结果发现,平均水温不是40℃,而是维持于0℃,温度毫无变化,只是全部化成了水。可见,冰在融化时吸收了大量的热。而这种热量的转移是用温度计观察不出来的,布莱克称之为"潜热"。

第三节
他是一名医生
——迈尔

伯文爷,为什么我们必须吃东西才能有力气干活、运动呢?

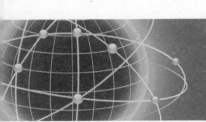

因为干活、运动都要消耗能量,而食物可以为我们补充所需的能量啊!

司司、南南,你们知道吗?能量是度量物质运动的一种物理量。相应于不同形式的运动,分为机械能、分子内能、电能、化学能、原子能等。比如我们吃的食物就具有化学能,人运动就需要消耗内能或热能。这些能量虽然形式不同,但是可以相互转化。我们吃了食物,食物中的化学能就可以转化为人体的内能或热能,这种能量又可以通过人体运动转化为机械能。

本节内容

① 能量的相互转化
② 能量守恒定律

1. 能量的相互转化

能量的存在有多种形式,各种形式的能量之间可以相互转化。如,机械能通过做功转化为热能和内能,化学能可以转化为内能或热能等。

图 2-3-1　新鲜果蔬

哦，原来是能量转化啊！

不止如此，能量还可以发生转移，而且能量转化和转移的过程中，其总量是保持不变的，这叫"能量守恒"。

2. 能量守恒定律

能量既不会消灭，也不会创生，它只会从一种形式转化为另一种形式，或者从一个物体转移到另一个物体，而能的总量保持不变。

哦，我们老师好像讲过这个概念。

司司、南南，你们知道迈尔吗？他就是为能量守恒定律的发现做出巨大贡献的一位科学家，他首次在科学史中将热力学观点用于研究有机世界中的现象。迈尔考察了有机物的生命过程中的物理化学转变，确信"生命力"理论是荒诞无稽的。他证明了生命过程无所谓"生命力"，而是一种化学过程，是由于吸收了氧和食物，转化为热量。这样迈尔就将植物和动物的生命活动，从唯物主义的立场，看成是能量的各种形式的转变。

图 2-3-2　迈尔画像

那迈尔是怎么发现能量守恒定律的呢？

迈尔其实是一名医生。1840年,他在一艘由荷兰驶往印度尼西亚的商船上做随船医生。当船驶到热带地区的爪哇,迈尔在给患病的船员放血时发现海员静脉的血液要比在欧洲时更鲜红。当地医生告诉他,这种现象在辽阔的热带地区到处可见。这一现象引起了迈尔的极大注意和认真思考。受拉瓦锡氧化燃烧理论的启发,他认为这可能是由于血液中含氧量增多的缘故。在热带高温条件下人体需要的热量少,人体只需要吸收食物中较少的热量,因而体内食物的燃烧过程减弱,体内消耗氧气减少,在血液中便留下较多的氧气,使血液更鲜红。由此他认识到:食物中所含的化学能可以转化为热能。

太不可思议了!

不止如此!当他听海员们说,在暴风雨时海水比海面平静时要热些,他开始思考机械能与热能的转化。当他用实验证明水因振动而变热之后,便认识到机械能可以转化为热能这一设想,并逐步形成了一切能量都可以相互转化的思想。

司司、南南,你们知道吗?迈尔从爪哇回到德国后,作为一个普通的开业医生继续研究能量的守恒问题。他列举运动相互转化的25种情况,明确提出了热功当量的概念,并进行了详尽的热功当量计算。他还应用能量守恒原理解释了潮汐的涨落。但是,他的重大发现在相当长时间里没有得到社会的承认。不仅没有得到支持和鼓励,反而遭到压制和诽谤。这使迈尔的精神受到了严重打击,1849年跳楼自杀未遂,但康复后成了一个跛子,后来又被关进精神病院,饱受折磨。1853年恢复自由,但精神从此再未恢复正常,在痛苦中度过了20多年的余生,于1878年去世。

太让人遗憾了!

是的。有时,承认一个科学发现比做出一个科学发现还要困难和曲折,但只要是科学真理,终将会被社会所认同。由于迈尔对能量守恒和转化定律的开创性研究,他被后人公认为是能量守恒与转化定律的主要发现者,1871 年他获得英国皇家学会的伦福德奖章。迈尔能抓住意外发现的现象,进行锲而不舍的长期思考与研究,这种善于识别科学发现的机遇并及时抓住机遇的能力正是他取得成功的根本原因。

第四节
功能的单位
——焦耳和焦耳定律

本节内容 ▶

① 焦耳定律
② 热功当量

伯文爷,为什么我们的导线通电一段时间后会发热呢? 有时还会起火?

这是因为电流通过导体时会产生热量,使导线发热,这是电流的热效应,焦耳定律就说明了这一问题。

司司、南南，你们知道焦耳定律吗？他是英国的物理学家焦耳发现的。在1840到1841年期间，他集中精力研究了电流的热效应，反复多次地测量了通电导体放出的热量，结果发现电流通过导体所产生的热量与电流强度的平方、导体的电阻和通电时间三者的乘积成正比，这就是"焦耳定律"。

1. 焦耳定律

电流通过导体产生的热量跟电流的二次方成正比，跟导体的电阻成正比，跟通电的时间成正比，这个规律叫"焦耳定律"，用公式表示为：$Q=I^2Rt$。

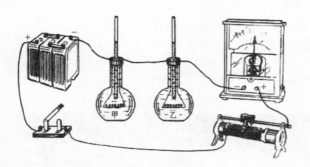

图2-4-1　研究焦耳定律的实验装置

焦耳出生在英国一个啤酒酿造商的家里，由于他自幼身体孱弱，没有进学校接受正规教育，而是在家里接受父母的启蒙教育。他一边跟父亲学习酿酒技术，一边自学。后来，父亲请了著名的化学家道尔顿做焦耳的家庭教师，指导他学习数学、化学和物理学，这使焦耳对科学发生了浓厚的兴趣，开始在家里做实验，最终成为了一名业余的科学家。

图2-4-2　焦耳画像

2. 热功当量

热量以"卡"为单位时与功的单位之间的数量关系,相当于单位热量的功的数量,叫做"热功当量"。焦耳用实验确定了这种关系,并将这种关系表示为 1 卡(热化学卡)=4.1840 焦耳。在国际单位制中规定热量、功统一用焦耳作单位后,热功当量已失去意义。

哇唔!还是自学成才啊!

其实焦耳的贡献远不止焦耳定律。他的最大贡献是在焦耳定律的基础上通过各种实验方法精确测定了热功当量,为建立能量守恒和转化定律提供了有力证明。

热功当量,好像迈尔也计算过吧?

对啊!迈尔在研究生物热的基础上也计算过热功当量。从 1843 年起,焦耳用了 40 多年的时间,先后共进行了 400 多次实验,以惊人的耐心和高超的技术在当时的实验条件下测得了比较精确的热功当量值——423.85kg·m/kcal,很接近现在的公认值 427kg·m/kcal,这在物理学上是罕见的。

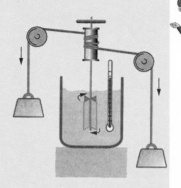

图 2-4-3　热功当量实验

司司、南南,你们知道吗? 焦耳的成功路上也充满了坎坷。1843年,在朋友的鼓励下,焦耳前往苏格兰报考自然哲学教授,但因没有正式学历而未获准;1844年,他要求在皇家学会宣读自己的论文,遭到了拒绝;1847年4月,焦耳在曼彻斯特做了一次通俗的学术演讲,介绍了他测定热功当量的新实验,阐述了能量守恒原理。地方报纸起初不予理睬,有一家报纸甚至拒绝报道这件事,经过很长时间的争论,《曼彻斯特信使报》才全文刊登了焦耳的演讲;1847年6月在牛津举行的英国科学促进协会上,当焦耳又要求宣读论文时,会议主席以会议内容太多为由只准许焦耳做简要介绍,而不准对他的发言进行讨论。只是由于威廉·汤姆逊在焦耳报告结束后做了即席发言,才引起与会者对焦耳新思想的重视。直到1850年,焦耳的科学发现才得到科学界的公认,焦耳也作为能量守恒和转化定律的主要发现者之一而被载入史册。

第五节
我们熟悉的开尔文
——汤姆逊

本节内容

① 温度的国际单位
② 绝对温标
③ 多产的科学家

司司、南南,前面学习温度计的时候,我们聊过温度的国际单位,你们还记得吗?

爷爷,是开尔文,他是英国著名的物理学家。

1. 温度的国际单位

温度的国际单位是开尔文，以英国物理学家威廉·汤姆孙(即开尔文勋爵)的名字命名的，用符号"K"表示。

对！其实他的真实名字叫威廉·汤姆逊，由于他对科学做出了杰出贡献，1892年被封为开尔文勋爵，后人就称他为开尔文。还记得我们前面提到的绝对温标吗？就是他建立的。

2. 绝对温标

绝对温标，又称"开氏温标"。绝对温标是建立在卡诺循环基础上的理想温标，将水的冰点(0℃)取为273.16K。绝对温标的分度与摄氏温标相同。

司司、南南，绝对温标也称为开氏温标，用符号"K"表示。规定摄氏零度以下273.15℃为零点，称为绝对零点。其分度法与摄氏温标相同(即绝对温标上相差1K时，摄氏温标上也相差1℃)；不同的只是绝对温标下水的冰点定为273.15K，沸点定为373.15K。

汤姆逊是一位早熟的天才，8岁就随其父在大学旁听数学课，10岁就考入该校学习，成为一名正式的大学生。大学学习期间，不仅轻松自如地掌握了所学的课程，而且还深入研读了数学、物理相关的著作。1840年，16岁的他转入剑桥大学学习，1846年成为格拉斯哥大学自然哲学教授，并担任此职长达53年。

William Thomson, Lord Kelvin.

图 2-5-1　汤姆逊画像

10岁就上大学？太不可思议了吧！

是的！汤姆逊从剑桥大学毕业后，曾到法国实验物理学家勒尼奥的实验室里工作过，接触了前沿理论，回国后他用个人微薄的收入建立了一个较为完善的实验室，进行研究。1848年，汤姆逊在论文中提出了绝对温标的想法，后来，他对温标做了这样的说明："这个温标应正确地称为绝对温标，因为它的特性与任何特殊物质的物理性质是完全无关的。"最终，汤姆逊建立了绝对温标。

汤姆逊是一个多产的物理学家，他不仅建立了绝对温标，发现了热力学第二定律，还在1853~1854年间，和焦耳共同研究了气体在扩散时温度变化的一种现象，即"焦耳—汤姆逊效应"，也对电磁现象进行了许多基础研究。汤姆逊十分重视科学知识的实际运用。从1866年起，他解决了大量技术上的难题，克服了许多施工中的困难，出色领导完成了横越大西洋的海底电缆铺设安装工程。

人的一生能有这么多重大研究成果，真了不起啊！

3. 多产的科学家

汤姆逊除了绝对温标这个重要的理论发现外，还发明了静电计、镜式电流计、双臂电桥等数十种实验仪器，总共获得了70项发明专利。

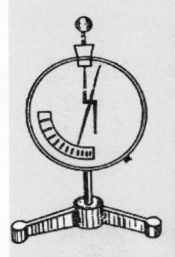

图2-5-2 静电计

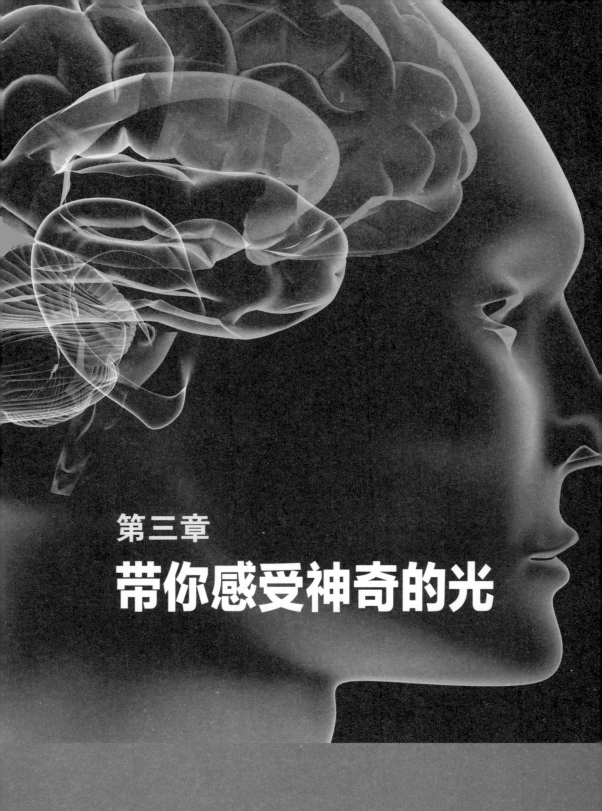

第三章

带你感受神奇的光

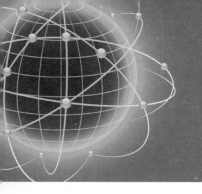

第一节
《墨经》的缔造者
——墨翟

司司、南南,你们知道小孔成像吗?

知道,我们学过的。我还知道那是因为光在均匀介质中是沿直线传播的原因。

哈哈!看来你们都知道了。其实,历史上最早发现小孔成像现象的是中国以墨子为代表的墨家学派。

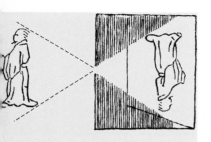

图 3-1-1 墨子的小孔实验

1. 墨子生平

墨子,名"翟",我国战国时期著名思想家、科学家、军事家,墨家学派创始人,主张"兼相爱、交相利"。

司司、南南,你们知道吗?墨家做了世界上最早的小孔成像实验。在一间黑暗的屋子里,在朝阳的一面墙上开一个小孔,人对着小孔站在屋外,屋里小孔对着的墙上就会出现一个倒立的人影。为什么会有这种现象呢?墨家解释说:"光线的运动像射箭一样,是直线行进的。人体上部挡住了从上面射向小孔的光线,上部影子在墙的下方,人体下部挡住了从下面射向小孔的光线,下部影子在墙的上方,于是在墙上就形成了倒立的人影。"虽然这里讲的是影而不是像,但道理是一样的。

哦，原来如此！可我记得墨子是位思想家，怎么也研究物理呢？

你说得对，墨子是继孔子之后的一位伟大思想家，但也是一位实践家，制作过很多器械。他主张"兼相爱、交相利"，主张不分等级，不分亲疏，互爱互利。他的言行由其弟子编写成《墨子》一书，代表了墨家学派的思想。

小孔成像应该就是其中记载的吧？

对啊！《墨子》不仅包含了墨家的思想，还包含了墨家的科学技术成就，保存在《墨经》部分，包含了数学、力学、声学、光学等多个方面，是中国古代了不起的发现。

2.《墨经》由来

墨子的弟子将其思想言行记录编写成《墨子》一书，《墨经》是其中一部分。

3.《墨经》贡献

《墨经》主要记录了数学、力学、声学、光学等相关知识，对力进行了定义，提出了杠杆平衡条件、小孔成像原理、凸面镜和凹面镜等知识，比西方相关知识早几百年甚至上千年，是中国古代科学文明的一朵奇葩。

图 3-1-2　固体传声实验

图 3-1-3　墨子纪念邮票

司司、南南,你们知道吗?《墨子·备穴》中有这样的记载:在城墙脚下每隔几尺远挖一个深坑,坑里埋入大陶瓮,瓮上蒙皮革,让听觉灵敏的人伏在瓮口处监听,如果有敌人挖地道攻城,监听人就能听到挖地道的响声。根据各个陶瓮的响度情况,还能判断出挖地道的敌人所在的方向和距离,守城人就可以及时从城里向外挖地道,迎击敌人。这是固体传声和声音共鸣在军事上的巧妙运用,埋入地下的陶瓮实际上成了共鸣箱。

哇,太有意思了!

第二节
他提出了光的波动说
——惠更斯

本节内容 ▶

① 光的波动说
② 科学成就

伯文爷,我学过光是沿直线传播的,那么,光是跟水波一样向前传播的吗?

当然不是了!不过光具有一切波具有的性质。如光有反射、折射和衍射现象,这些特性被称为"光的波动性",是荷兰科学家惠更斯提出来的。

图 3-2-1　惠更斯画像

司司、南南，你们知道惠更斯怎样描述光的传播吗？他提出光是发光体中微小粒子的振动在弥漫于宇宙空间的"以太"中的传播过程。光的传播方式与声音类似，而不是微粒说所设想的像子弹或箭那样的运动。物质的每一粒子在传播的时候，不仅把它的运动传给跟它位于同一条由发光点引出的直线上的下一个粒子，而且也把一部分运动给予跟它接触的一切其他粒子，于是，在每一个粒子周围就会产生以此粒子为中心的波。这被称为"惠更斯原理"。

嗯，这个"以太"有点难理解啊！那惠更斯是个什么样的人物呢？

他是荷兰的物理学家、数学家和天文学家，出生于一个书香门第之家，父亲是文艺复兴时期的诗人。惠更斯从小受到了家庭教师严格而系统的中学教育和当时最高文化的熏陶，1655年获得法学博士学位后即转入科学研究。1666年当选为荷兰科学院院士，也是当时新成立的法国科学院院士。1666~1668年在法国从事科学研究工作。后由于身体原因返回荷兰，直至逝世。

1. 光的波动说

惠更斯在物理学上最重要的贡献是1678年提出了光的波动学说。1690年惠更斯出版了《论光》一书，系统阐述了光的波动理论。

2. 科学成就

惠更斯在数学、物理学、天文学方面都做出了巨大贡献，是概率论的主要创立者之一；发现了土星光环和土星的一颗卫星；设计了摆钟，研究了摆长和振动周期的关系；测出了重力加速度；得出了动量守恒定律。

图3-2-2 摆钟

惠更斯也是一个多产的科学家。在数学方面,他于 1651 年发表了平生第一篇科学论文,论述了各种曲线所围面积的求值;于 1657 年发表了概率论方面的文章,成为概率论的主要创立者之一;在天文学方面,他用自己改进设计的望远镜对土星进行了观测,发现了土星光环和土星的卫星——土卫六;在物理学方面,他对复摆进行了专门的研究,他设计的摆钟早在 1657 年就取得了专利权。另外,惠更斯还研究了摆长和振动周期的关系,测出了重力加速度。他还对完全弹性碰撞问题做了详尽研究,得出了动量守恒定律。

原来惠更斯也是一个了不起的人物啊,贡献这么多!

是啊! 他把自己的毕生精力都倾注到科学事业上了,长期带病坚持工作,并且终身未娶。这种对科学的执著与奉献精神很值得我们学习啊!

第三节
"科学中的艺术家"
——迈克尔逊

本节内容 ▶

① 迈克尔逊–莫雷实验
② 光学大师
③ 科学精神

伯文爷,我记得光速是 3.0×10^8 m/s,这么大的值是怎么得来的呢?

光速的测量是一个古老的话题了。伽利略就曾经做过测量光速的实验,虽然没有成功,但对后人有很多启发。后来,有很多科学家都进行过测量。其中有一位科学家将光速的测定作为终身的奋斗目标,他就是美国的物理学家迈克尔逊,也是第一个获得诺贝尔物理学奖的美国人。

那他就是因为测量了光速而获得诺贝尔奖吗?

这倒不是。获得诺贝尔奖是因为他的一个著名实验,叫"迈克尔逊·莫雷实验",这是他和物理学家莫雷合作进行的。这个实验否定了"以太"的存在,促进了相对论的建立,意义重大。

司司、南南,你们知道什么是"以太"吗?古希腊时代的亚里士多德认为整个宇宙充满着一种易动的物质——以太,由于太阳周围的以太出现旋涡才造成行星围绕太阳的运动。后来,人们将"以太"与光的波动学说联系起来,认为"以太"是客观存在的实体。既然"以太"是无处不在的静止实体,地球在太空中游弋,必然和"以太"有相对运动。光在"以太"中传播,传到地面的速度一定会受这一相对运动的影响,这一影响应该能够用光学方法探测出来。但直到19世纪还没有实验能够证明"以太"的存在。

1. 迈克尔逊 – 莫雷实验

"迈克尔逊–莫雷实验"是迈克尔逊和莫雷合作完成的,其目的是为了验证宇宙中是否存在"以太"这种物质。实验结果否定了"以太"的存在,也促进了相对论的建立。

2. 光学大师

迈克尔逊在光学方面的成就很多,最大贡献是精确测定了光速和著名的"迈克尔逊–莫雷实验",此外,他还发明了众多光学仪器。因此,被人们称为"光学大师"。

3. 科学精神

迈克尔逊为了验证自己的结果，多次重复实验，虽年老体弱，依旧不忘科学事业；在别人得出以太漂移速度的情况下坚持从事实验，不牵强附会，显示了其执著的科学精神和严谨的科学态度。

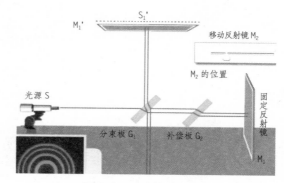

图3-3-1　光的干涉实验

哦，原来这样啊！

由于迈克尔逊年轻时受到特殊培养，后来又在注重光学的海军学院任教，这为他后来的光学成就打下了良好的基础。他擅长光学测量，自己设计了一套干涉系统，得出静止"以太"的假设是不对的。迈克尔逊还精确测定了光的速度，发明了以他的名字命名的干涉仪；为国际计量局校验米原器，创立了非物质长度标准；刻制衍射光栅，发明阶梯光谱仪；建立星体干涉仪等。他的光学研究硕果累累，被人们称为"光学大师"。

司司、南南，你们知道吗？由于迈克尔逊的实验设计十分巧妙，他也被称为"科学中的艺术家"。迈克尔逊的干涉实验光路如图3-3-1所示，光源S发出的光经分束板G_1后，分成互相垂直的两光束，透射光束经补偿板G_2，再被M_1反射，返回G_1后再反射到望远镜中。反射光束经过M_1'反射后也到达G_1，再穿过G_1到达望远镜，两束光发生干涉，可以看到干涉条纹。旋转整个仪器干涉条纹会发生移动，通过观察干涉条纹的移动可以判断是否有"以太"移动造成的影响，进而确定是否有"以太"存在。

这设计太巧妙了！

迈克尔逊还是一位十分严谨的科学家，从1923年开始他先后为测定光速做了多次实验。1928年，77岁的他再次进行实验，这时由于多次中风，健康状况不允许他经常到现场巡视，但他仍在病床上指导研究，日夜关心着实验的进展。当他临危之际，念念不忘的是光速的测量结果，并口授论文的前言。迈克尔逊当然希望亲自观测到"以太"漂移所带来的影响，因此他抱着严肃的科学态度从事实验，不牵强附会，于1929年郑重宣布没有发现相对于"以太"的绝对速度。

第四节
光的色散实验
——从西奥多里克到牛顿

伯文爷，雨后有时会看到天边有美丽的彩虹，这是怎么回事呢？

本节内容

① 彩虹成因
② 色散现象早期研究
③ 色散实验
④ 科学研究方法

这是一种色散现象。雨后的天空悬浮有大量的细小水珠，太阳光照射到这些小水珠上时，被分解成绚丽的七色光，这就是我们看到的彩虹了。

1. 彩虹成因

太阳光是一种复色光,而不同颜色的光具有不同的折射率,雨后天空中浮有大量水珠,光线经过水珠的多次反射和折射,发生光的色散,形成了七色光谱,即我们看到的彩虹。

图 3-4-1　雨后彩虹

司司、南南,你们知道什么叫"色散"吗?色散就是复色光在介质中由于折射率不同而分解为各种单色光的现象。比如太阳光就是复色光,所以雨后才会形成彩虹。日光灯发出的光是白光,也是复色光,经过三角形棱镜就会发生色散现象,分解出各种颜色的光。

哦,原来这样子哦,太神奇了!

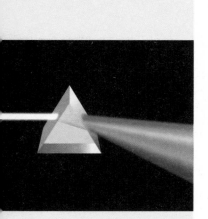

图 3-4-2　光的色散

"色散"也是一个古老的话题了,最引人注目的就是我们刚才说的彩虹现象。早在 13 世纪,科学家就对彩虹的成因进行了探讨。德国有一位叫西奥多里克的传教士,能够在实验中模仿天上的彩虹,但由于受亚里士多德的影响,他仍然认为各种颜色的产生是由于光受到不同阻滞所引起的。在此之后,笛卡尔、马尔西都对这一现象进行过研究,但由于各种原因,都未能得到正确的解释。一直到 17 世纪,牛顿才对这一现象进行了合理的解释。

牛顿通过实验证明白光是复色光,通过棱镜可以分解为各种色光。但这一论断与当时已流传千年的观念格格不入,于是,他又做了一个很有说服力的实验,牛顿将这个实验称为"判决性实验",如图3-4-3所示。拿两块木板,一块 DE 放在窗口 F 紧贴棱镜 ABC 处,光从 S 平行进入 F 后经棱镜折射穿过小孔 G,各种颜色以不同的角度射向另一块木板 de。de 离 DE 约 4m 远,板上也开有小孔 g,在 g 后面也放一块三棱镜 abc,使穿过的光再折射后抵达墙壁 MN。牛顿手持第一块棱镜 ABC,缓缓绕其轴旋转,这样使第二块木板上的不同颜色的光相继穿过 g 到达三棱镜 abc。实验结果是,被第一块棱镜折射得最厉害的紫光,经第二块棱镜偏折得最多。由此可见,白光确实是由不同的色光组成的。

图3-4-3 牛顿的判决性实验

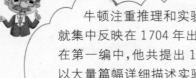

牛顿注重推理和实验,他在光学领域的成就集中反映在 1704 年出版的《光学》一书中。在第一编中,他共提出 19 个命题,33 个实验,以大量篇幅详细描述实验装置、试验方法和观测结果。他的光学研究正是从实验和观察出发,进行归纳综合,总结出一套完整的科学理论,他的研究方法也对后来者有巨大的影响。

2. 色散现象早期研究

色散现象是一个古老的研究课题,而最引人关注的就是彩虹。早在 13 世纪,科学家就对彩虹的成因进行了研究,之后笛卡尔、马尔西等都进行了一定的实验或解释,但由于各种原因,都未能有完善的解释。

3. 色散实验

牛顿不满意前人对光现象的解释,设计了一系列实验对光的色散现象进行研究,其"判断性实验"证明了不同颜色的光具有不同的性质,白光是复色光,可以进行分解。

4. 科学研究方法

牛顿善于总结科学研究方法,他从实验和观察出发,进行归纳综合,对光的色散研究做出了巨大贡献。分析与综合法、归纳法是他进行研究的重要方法。

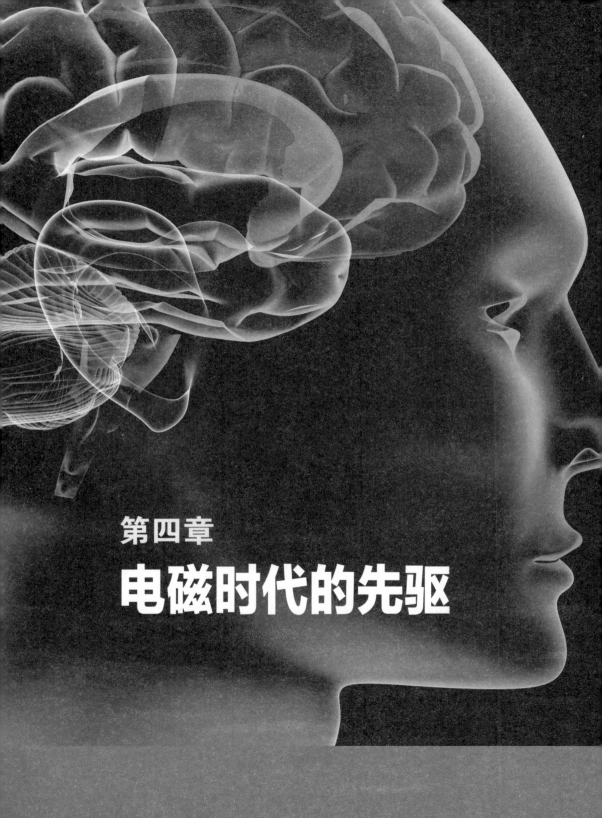

第四章

电磁时代的先驱

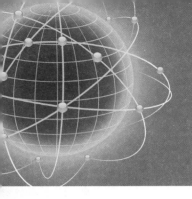

第一节
他把雷电装进了瓶子
——富兰克林

图4-1-1　美元上的富兰克林

司司、南南，你们听说过富兰克林吗？

伯文爷，我知道，他是个政治家，还参与起草了美国的《独立宣言》呢，我们历史课上学过的。

对！就是这个人，可是他不仅是个政治家哦，他还是个科学家，对科学的发展做出了巨大贡献的。

既是政治家，又是科学家，那家境一定很好吧？

呵呵，后来的确是，但小时候可不是哦！他出生在美国一个贫困的工人家庭，10岁便因家境贫寒而辍学，回家帮父亲干活，12岁就到哥哥的印刷所当学徒、帮工。

那他小学都没毕业啊?

是啊!可是他在当学徒期间广泛阅读文学、历史、哲学等方面的书籍,自学了数学和外语,15岁时就能写得一手好文章了。后来还当了几年印刷工人,直到自己办印刷厂。

他一直从事印刷工作,怎么又成了科学家了呢?

1746年,有个学者在波士顿做了一系列的电学实验表演,激发了富兰克林对电学研究的兴趣,后来他就卖掉了心爱的印刷厂,全心致力于电学的实验研究。

那他都研究出了些什么重要成果呢?

1. 电学研究

富兰克林通过实验发现电荷有两类,将其分别命名为正电荷和负电荷;他通过实验总结概括了电荷守恒定律,这是物理学史上最早提出电荷守恒的表述。

2. 科学精神

为了全身心进行实验,富兰克林卖掉了心爱的印刷厂;为了证明天空的闪电和摩擦生电的性质一样,他冒着生命危险进行了著名的"风筝实验"。

你们知道自然界只有两种电荷：正电荷和负电荷吧？正是富兰克林经过实验研究，确证了这一理论，并将其命名为正负电荷。他还通过实验概括了电荷守恒定律，这是物理学史上最早提出电荷守恒的表述。

电荷守恒定律：电荷既不会创生，也不会消灭，它只能从一个物体转移到另一个物体，或者从物体的一部分转移到另一部分；在转移的过程中，电荷的总量保持不变。近代物理实验发现，在一定条件下，带电粒子可以产生和湮灭；但带电粒子总是成对产生或湮灭，所以电荷的代数和仍然不变。因此，电荷守恒定律现在的表述是：一个与外界没有电荷交换的系统，电荷的代数和保持不变。它是自然界重要的基本规律之一。

哦，原来这都是富兰克林的贡献啊，真了不起！

不止这些，你们听说过风筝实验吗？

听说过，就是一个人拿着风筝想把天上的电引到地上来。太有冒险精神了！

这个人就是富兰克林啊！当年他为了证明天空的闪电和摩擦生电的性质、作用相同，就冒着生命危险设计了一个特殊的风筝，试图收集天电。

难道他就不怕被电击吗?

这就是科学家的伟大之处了！当富兰克林的手指间出现电火花时,他完全忘记了电击的痛苦,高兴地向旁边的儿子喊道:"我受到电击了,现在就可以证明,雷闪就是电。"后来,他终于揭开了雷电现象的本质,还发明了避雷针。

图 4-1-2　富兰克林风筝实验

原来避雷针是他发明的啊,就是我们今天楼顶上的那种吗?

是啊！高楼大厦等建筑物都要有这个东西的,否则会遭电击。他不仅发明了避雷针,还发明了新式取暖炉、双焦距眼镜、自动烤肉机、玻璃乐器等。他在光学、热学、数学、植物学等领域也进行过探索。

哇！太厉害了！又是一位多产的科学家啊！

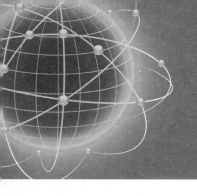

第二节
电学定量研究的开拓者
——库仑

1. 科学贡献

库仑在物理学中最主要的贡献是建立了著名的库仑定律,除此之外还对漏电问题、导体上电荷分布情况、电荷产生的表面张力等问题进行了一定的研究。

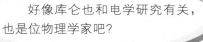

司司、南南,你们听说过库仑这个人吗?

好像库仑也和电学研究有关,也是位物理学家吧?

对!库仑也是一位著名的物理学家。库仑1736年出生在法国一个富裕的家庭里,但他却是在动荡的政治年代里长大的,当时法国大革命正在酝酿之中。库仑起先学习军事,基本上是在巴黎接受的教育,在那里他钻研了科学和数学。为了发挥自己的专长,库仑选择了军事工程师这个职业,当过陆军中尉。他曾作为一名军官在马蹾尼克岛上督造了若干年防御工事。可能正是这一工作,使他对科学发生了兴趣。对了,你们应该知道拿破仑吧?

图 4-2-1　库仑画像

库仑定律：真空中两个静止点电荷之间的相互作用力，与他们的电荷量的乘积成正比，与他们的距离的二次方成反比，作用力的方向在它们的连线上。用公式表示为：$F=K\dfrac{q_1q_2}{r^2}$，其中"K"是比例系数，叫做"静电力常量"。

这个知道，拿破仑是个很厉害的人，是个著名的军事家。

1802年拿破仑委任库仑为政府教育委员会委员，1805年任政府教育总监，1806年去世。

那他对物理学发展做了哪些贡献呢？

库仑1781年当选为法国科学院院士，他在物理学中最主要的贡献是建立了著名的库仑定律。这是电学中第一个定量定律，它的建立标志着电学研究已经从定性研究发展到定量研究阶段。

嗯！从定性研究到定量研究，确实是了不起的飞跃啊！

2. 电量单位

电量的单位是"库仑",是以法国科学家库仑的名字命名的。定义为:在恒定电流为1A(安)时,在1s(秒)时间内通过导线截面的电荷量为1c(库仑)。

库仑定律的发现经历了怎样的过程呢? 1784年,库仑参照米切尔在1750年使用的扭秤和自己对扭力的知识,设计了一台库仑扭秤,用它做了一系列实验。库仑首先确定电荷之间的排斥力遵循反平方律,然后再推广到电荷之间的吸引力。库仑得到的反平方律的误差是4%。特别值得一提的是,在当时没有公认的测量电量方法的情况下,库仑根据对称性,采用一个巧妙的方法来比较不等量电荷之间的效果。库仑认识到两个大小相同的金属球,一个带电,一个不带电,两者互相接触后,各自带原来电量的一半。库仑用这个办法依次得到了带有原来电量的二分之一、四分之一、八分之一、十六分之一……的电荷量。库仑通过实验证明,如果其中一个球带电量减少一半,那么两球的作用力减小到原来的二分之一;如果两个球带电量都减少一半,那么两球的作用力减小到原来的四分之一。库仑概括了反平方律以及力和电量的关系,提出了一个公式,就是著名的"库仑定律"。

图4-2-2　库仑扭秤

库仑还对漏电问题、导体上电荷的分布问题、带电导体在接触分开后电荷在他们上面的分布情况、电荷产生的表面张力问题、磁流体和电流体等电磁学问题进行了研究。

太厉害了,这么多研究,怎么做到的呢?

呵呵！库仑所取得的研究成果都是从大量实验中总结概括出来的,他的显著特点是重实践、重实验。

那一定要做好多实验吧?

当然,物理就是建立在实验基础上的,实验是十分重要的。你们知道电量的单位吗? 人们为了纪念库仑为电磁学的发展所做出的重要贡献,1881 年在巴黎召开的第一届国际电学会议中决定用 "库仑" 作为电量的单位。

第三节
他称干电池为伽伐尼电池
——伏特

本章内容 ▶

① 单位伏特
② 干电池的发明

司司、南南,你们现在还用干电池吗?

用啊! 我爸的剃须刀就用的 7 号干电池。

嗯! 不过现在的新型电子设备基本都用蓄电池了,比如手机。那你们知道最初的干电池是谁发明的吗?

1. 单位伏特

伏特,简称"伏",是电位(电势)、电压和电动势的单位,其符号为"V",是以意大利物理学家伏特的名字命名的。

Alessandro Graf Volta.

图 4-3-1 伏特画像

是"伏特"!你们可能没有听说过这个人,但是你们应该知道电压的单位是什么吧?

嗯!这个我知道,是"伏特"。

对了!这个单位就是以他的名字命名的。由于翻译的原因,有的书上也把"伏特"翻译为"伏打"。

那他肯定为物理学的发展做出过巨大贡献吧?

2. 干电池的发明

伏特在意大利科学家伽伐尼的基础上进行了细心研究,通过多次实验发现两片不同金属也可以产生电,并通过大量实验发明了所谓的"人造发电器",就是最早的干电池,叫做"伏特电堆"。

正是!他发明的伏特电堆(他称之为"伽伐尼电池"),也就是干电池,提供了产生恒定电流的电源,使人们有可能研究电流的规律和电流的各种效应,从此,电学进入了一个飞速发展的时期。

你知道伏特是怎么定义的吗?定义为:在一线状的、均匀的、处于温度平衡的金属导体上,若有1A的稳定电流通过,且在某两点之间的功率为1W时,该两点间的电压或电势差即为1V。

你知道伏特怎么发明干电池的吗？ 1786 年,意大利科学家伽伐尼在一次偶然的机会中发现,放在两块不同金属之间的蛙腿会发生痉挛现象,他认为这是一种生物电现象。1791 年伏特得知这一发现,产生了极大的兴趣,做了一系列实验。1793 年伏特发表一篇论文,总结了自己的实验,表示不同意伽伐尼关于动物生电的观点。他认为伽伐尼电在本质上是一种物理的电现象,蛙腿本身不放电,是外来电使蛙腿神经兴奋而发生痉挛,蛙腿实际上只起电流指示计的作用。后来,他通过进一步的实验研究,终于发现两片不同金属不用动物体也可以有电产生。他推想:如果把银片和锌片相间堆集起来,也许会产生更多的电荷。他制作了许多金属小圆片,用食盐水浸泡之后,按银－锌、银－锌的顺序堆起来,结果银片一端带正电,锌片一端带负电,用导线把两端连接起来,导线中就形成稳定的电荷流动。伏特高兴地称它是"人造发电器"。这就是最早的干电池,叫做"伏特电堆"。

那他为什么要将"干电池"称为"伽伐尼电池"呢？

这是因为他的工作是在意大利科学家伽伐尼的实验启发下,再通过自己设计实验总结最终发明的。为了尊重伽伐尼的先驱性工作,他在自己的著作中总是把"伏特电池"称为"伽伐尼电池"。所以,以他们两人名字命名的电池,实际上是一回事。

伏特的胸怀真宽广！

对啊！为了进行科学研究,他还经常在自己身上做实验。这种为科学献身的精神和宽广胸怀是非常值得我们学习的。

第四节
他把电磁学带入了一个新的时代
——奥斯特

本节内容 ▶

电流的磁效应

图4-4-1 奥斯特画像

你们知道电和磁之间有什么关系吗?

是"电"和"磁铁"吗? 好像没有什么关系吧?

我看到过旧电视机里面有磁铁? 不知道干什么用的。

电流的磁效应

奥斯特发现:任何通有电流的导线,都可以在其周围产生磁场的现象,称为"电流的磁效应"。

呵呵,你还蛮细心的嘛! 其实在18~19世纪,很多科学家也都认为这两者是没有关系的。但他们之间确实是有关系的,用一句通俗的话来讲,就是"电能生磁,磁能生电"。电视机里面的磁铁也就是利用它们之间的相互作用原理来工作的。

电能生磁,磁能生电? 是谁发现的呢?

是丹麦的物理学家、化学家奥斯特,他因为这一杰出发现获得了英国皇家学会科普利奖章。

虽然 18 世纪 30 年代,发现了闪电会改变钢铁磁性现象,1751 年富兰克林发现莱顿瓶放电可使钢针磁化和退磁,19 世纪初戴维观察到磁铁可使电极碳棒间的弧光绕转,但因为库仑研究静电和静磁,不相信它们有联系,阻碍了人们对这些现象的深入研究。奥斯特的研究使电磁学开始了一个新的时代。

那奥斯特是怎么发现电磁关系的呢?

奥斯特早在读大学时就深受康德哲学思想的影响,一直坚信电和磁之间一定有某种关系。他仔细地审查了库仑的论断,发现库仑研究的对象全是静电和静磁,确实不可能转化。他猜测:非静电、非静磁可能是转化的条件。

1820 年 4 月,在一次讲演快结束的时候,奥斯特把一条非常细的铂导线放在一根用玻璃罩罩着的小磁针上方,接通电源的瞬间,发现磁针跳动了一下。这一跳,使有心的他喜出望外,竟激动得在讲台上摔了一跤。但是因为偏转角度很小,而且不很规则,这一现象并没有引起听众注意。但就这样,他发现了电流的磁效应。

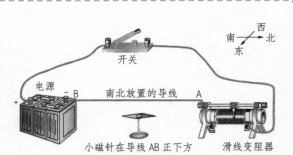

图 4-4-2 电流产生磁场实验

看来机会总是留给有准备的人的！

说得好！奥斯特还精密地测定了水的压缩系数值，论证了水的可压缩性。1823年他还对温差电现象做了成功的研究，后又对库仑扭秤也做了一些重要的改进。此外，在化学方面他对化学亲合力等也做了一些研究。

1908年丹麦自然科学促进协会建立"奥斯特奖章"，以表彰做出重大贡献的物理学家。奥斯特的功绩受到了学术界的公认，为了纪念他，国际上从1934年起命名磁场强度的单位为"奥斯特"，简称"奥"。1937年美国物理教师协会设立了"奥斯特奖章"，奖励在物理教学上做出贡献的物理教师。

第五节
电学中的牛顿
——安培

本节内容 ▶

① 电流的单位

② 分子电流假说

③ 安培定则

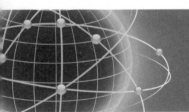

司司、南南，你们听说过这样一位科学家吗？有一次他在大街上思考问题着迷了，竟把马车车厢当黑板演算。马车走动了，他就在后面跟着边走边写；马车走快了，他还跟在后面跑，一心想完成他的计算推导，直到追不上了才停下来。

居然还追着马车,跑着计算,太夸张了吧!

哈哈,但这也正体现了科学家对科学的热爱和投入啊!这个人就是被后人称为"电学中的牛顿"——安培。

哦,安培我知道啊!电流的单位就是以他的名字命名的。

对!人们为了纪念这位伟大的科学家,将电流强度的单位命名为安培。

他被称为"电学中的牛顿",那一定很厉害了?

当然!安培在物理学方面的主要贡献是对电磁学中的基本原理有重要发现。他发现了安培定则、电流的相互作用规律,提出分子电流假说,总结了电流元之间的作用规律——安培定律。以外,他还发明了探测和量度电流的电流计。

1. 电流的单位

安培是电流的国际单位,简称为"安",符号为"A",此单位是以法国物理学家安培的名字命名的。

André Marie Ampère.

图4-5-1 安培画像

2. 分子电流假说

安培认为构成磁体的分子内部存在一种环形电流——分子电流。由于分子电流的存在,每个磁分子成为小磁体,两侧相当于两个磁极。通常情况下磁体分子的分子电流取向是杂乱无章的,它们产生的磁场互相抵消,对外不显磁性。

3. 安培定则

安培定则也叫"右手螺旋定则",是表示电流和电流激发磁场的磁感线方向间关系的定则。

通电直导线中的安培定则(安培定则一):用右手握住通电直导线,让大拇指指向电流的方向,那么四指的指向就是磁感线的环绕方向;

通电螺线管中的安培定则(安培定则二):用右手握住通电螺线管,使四指弯曲与电流方向一致,那么大拇指所指的那一端是通电螺线管的 N 极。

1820 年 7 月 21 日丹麦物理学家奥斯特发现了电流的磁效应,法国物理学界受到极大震动。9 月 11 日,安培在法国科学院听取阿拉果(科学家)关于奥斯特实验的细节后,第二天就重复了奥斯特的实验,并于 9 月 18 日向法国科学院报告了第一篇论文,提出了右手定则,后被命名为"安培定则";9 月 25 日报告了第二篇论文,提出了平行载流导线规律;10 月 9 日报告了第三篇论文,阐述了各种形状的曲线载流导线间的相互作用,并在不久后提出了著名的"分子电流的假设"。

太不可思议了!短短的时间内,他就发现了这么多电磁学原理啊!

是的!安培实验能力强,行动迅速。后来安培又做了一系列实验,并运用高超的数学技巧总结出电流元之间作用力的定律,描述两电流元之间的相互作用同两电流元的大小、间距以及相对取向之间的关系,总结了电流元之间的作用规律,提出了"安培定律"。他还对比了静力学和动力学的名称,第一个把研究动电的理论称为"电动力学",并于 1822 年出版了《电动力学的观察汇编》,1827 年出版了《电动力学理论》。这些成果奠定了电动力学的基础。

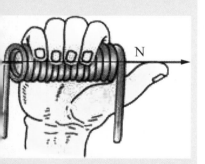

图 4-5-2　安培定则

伯文爷,您说安培利用高超的数学技巧总结物理定律,那他的数学一定也很厉害吧?

嗯！安培是一个善于用先进的数学工具描述实验现象的物理学家。他在数学方面的造诣很高。他曾研究过概率论和积分偏微方程,这些都是电动力学研究所必需的基础。

据说安培很小的时候就被发现才智出众。安培的父亲一开始曾教他学习拉丁文,但很快就发现安培的数学才能尤其出众,从而转教其数学。13岁安培就发表了第一篇数学论文,论述了螺旋线。1799年安培在里昂的一所中学教数学,1802年2月离开里昂去布尔格学院讲授物理学和化学,4月他发表一篇论文,论述赌博的数学理论,显露出极好的数学功底,引起了社会关注。后来安培应聘到拿破仑创建的法国公学任职。

安培不仅在物理、数学方面贡献突出,在化学上也有不少贡献。他几乎与戴维同时发现了元素氯和碘,导出过阿伏伽德罗定律,论证过恒温下体积和压强之间的关系,还试图寻找各种元素的分类和排列顺序关系;也曾研究过植物分类学上的复杂问题。

安培这么多的成就,在当时的地位一定很高吧?

确实如此！ 1808年安培任法国帝国大学总学监,1809年任巴黎工业大学数学教授。1814年当选为法国科学院院士,1824年任法兰西学院实验物理学教授。1827年当选为英国伦敦皇家学会会员。他还是柏林、斯德哥尔摩等科学院的院士。

1975年法国电气公司为纪念物理家安培诞生200周年设立了安培奖,由巴黎科学院授奖,每年授奖一次,奖励一位或几位在纯数学、应用数学或物理学领域中研究成果突出的法国科学家。

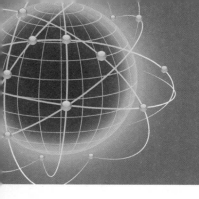

第六节
天才的研究者
——欧姆

1. 欧姆定律

在同一电路中,导体中的电流跟导体两端的电压成正比,跟导体的电阻阻值成反比,这就是"欧姆定律",基本公式是:$I=U/R$。

图4-6-1　欧姆纪念邮票

司司、南南,今天我们要来认识一位天才的研究者。

天才的研究者? 那他一定很聪明了,是谁呢?

他是德国物理学家欧姆,听说过吗?

哦,我知道,人们为了纪念他还将电阻的单位定为"欧姆"。好像是他发现了一个定律,叫"欧姆定律"。

对! 欧姆发现了著名的欧姆定律,为了纪念他对电磁学的贡献,物理学界将电阻的单位命名为"欧姆",以符号"Ω"表示。

那他怎么得出欧姆定律的呢?

欧姆从傅立叶发现的热传导规律受到启发,导热杆中两点间的热流正比于这两点间的温度差。他认为,电流现象与此相似,猜想导线中两点之间的电流也许正比于它们之间的某种驱动力,即现在所称的"电势差",或者说"电压"。

欧姆花了很大的精力在这方面进行研究。开始他用伏特电堆作电源,但是因为电流不稳定,效果不好。后来他接受别人的建议改用温差电池作电源,保证了电流的稳定性。但是如何准确测量电流的大小呢? 他把奥斯特关于电流磁效应的发现和库仑扭秤结合起来,巧妙地设计了一个电流扭秤,用一根扭丝悬挂一磁针,让通电导线和磁针都沿子午线方向平行放置;当导线中通过电流时,磁针的偏转角与导线中的电流成正比。电流越大,磁针的偏转角也越大。这样就可以间接地测量通电导线中电流的大小了。

在当时仪器匮乏的条件下能设计出如此巧妙的实验,是相当不容易的!

不愧是天才的研究者!

据说 1825 年,欧姆根据实验结果得出了一个公式,可惜是错的,用这个公式计算的结果与欧姆本人后来的实验也不一致。欧姆很后悔,意识到问题的严重性,打算收回已发出的论文,可是已经晚了,论文已发散出去了。急于求成的轻率做法,使他吃了苦头,科学界对他也表示反感,认为他是假充内行。但欧姆并没有泄气,1827 年终于研究发现了"欧姆定律"。

2. 科学贡献

除发现著名的欧姆定律外,欧姆还证明了导体的电阻与其长度成正比,与其横截面积和传导系数成反比;以及在稳定电流的情况下,电荷不仅在导体的表面上,而且在导体的整个截面上运动。

欧姆对电路的理论研究具有重大意义,然而却得不到科学界认可,许多人对他还抱有成见。1841 年,英国皇家学会授予他科普利金质奖章,并且宣称欧姆定律是"在精密实验领域中最突出的发现"。至此,欧姆才得到了应有的荣誉。

伯文爷,欧姆是不是小时候就特别聪明啊?

对! 虽然欧姆的父母亲从未受过正规教育,但他的父亲是一位受人尊敬的人,通过自学来教授他的孩子,给了欧姆出色的家庭教育。欧姆 15 岁就表现出超常人的数学天赋。不过你们可能还不知道,发现欧姆定律的时候,他还只是一个普通的中学教师。

图 4-6-2　欧姆设计的扭秤实验

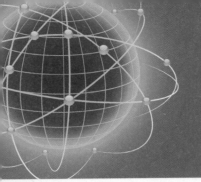

司司、南南,我们说过奥斯特发现了电流的磁效应,既然电能生磁,那磁能不能生电呢?

伯文爷,你不是说过"电能生磁,磁能生电"吗?

哈哈! 其实在发现电能生磁后,科学家们也认为磁可能也能生电。为了探索这一电磁规律,许多科学家付出了辛苦的劳动,比如瑞士物理学家科拉顿。

本节内容 ▶

① 电磁感应现象
② 重大科学发明
③ 物理贡献

1. 电磁感应现象

闭合电路的一部分导体在磁场中做切割磁感线运动,导体中就会产生电流,这种现象叫"电磁感应现象",产生的电流称为"感应电流"。

1825年,瑞士的物理学家科拉顿做了这样一个实验:他将一个磁铁插入连有灵敏电流计的螺旋线圈中,试图观察在线圈中是否有电流产生。但是在实验时,科拉顿为了排除磁铁移动时对灵敏电流计的影响,他通过很长的导线把接在螺旋线圈上的灵敏电流计放到另一间房里。他一个人做实验,只能来回奔跑。然而,无论他跑得多快,他看到的电流计指针都是指在"0"刻度的位置。就这样,科拉顿错失了发现电磁感应的机会。

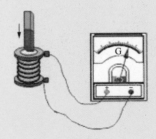

图 4-7-1　电磁感应实验

2.重大科学发明

法拉第有两项重大发明,一是发明电动机,第一台使用电流使物体运动的装置;一是圆盘发电机,这是人类创造出的第一台发电机。

图4-7-2　法拉第圆盘发电机

为什么科拉顿的实验失败了呢?

因为他认为产生的电流应该是"稳定"的,如果有电流,跑到另一间房里观察也来得及(其实当时科学界都认为利用磁场产生的电应该是"稳定"的),但后来却发现电磁感应现象具有瞬时性。

好遗憾啊!那最终是谁发现电磁感应现象的呢?

是英国物理学家、化学家法拉第。其实法拉第的探索历程也是十分艰辛的。他曾经做过很多次实验,但由于当时电流计不够灵敏或电源不是太强,最终都以失败而告终。直至1831年,经过近10年的不断实验的法拉第终于取得了突破性的进展。

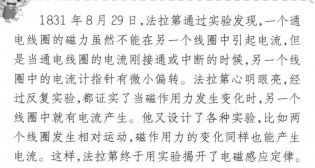

1831年8月29日,法拉第通过实验发现,一个通电线圈的磁力虽然不能在另一个线圈中引起电流,但是当通电线圈的电流刚接通或中断的时候,另一个线圈中的电流计指针有微小偏转。法拉第心明眼亮,经过反复实验,都证实了当磁作用力发生变化时,另一个线圈中就有电流产生。他又设计了各种实验,比如两个线圈发生相对运动,磁作用力的变化同样也能产生电流。这样,法拉第终于用实验揭开了电磁感应定律。

看来每一个科学发现都不容易啊！

是啊！法拉第的这个发现扫清了探索电磁本质道路上的拦路虎，开通了在电池之外大量产生电流的新道路。根据这个实验，1831 年 10 月 28 日法拉第发明了圆盘发电机，这是法拉第第二项重大的电发明。这个圆盘发电机，结构虽然简单，但它却是人类创造出的第一台发电机。

1821 年法拉第完成了第一项重大的电发明。在这两年之前，奥斯特已发现电流的磁效应。法拉第从中得到启发，认为假如磁铁固定，线圈就可能会运动。根据这种设想，他成功地发明了一种简单的装置。在装置内，只要有电流通过线路，线路就会绕着一块磁铁不停地转动。事实上法拉第发明的是第一台电动机，是第一台使用电流使物体运动的装置。虽然装置简陋，但它却是今天世界上使用的所有电动机的祖先。

3. 物理贡献

法拉第对物理学具有重大贡献。他提出了电磁感应学说、电力线概念，发现了电场与磁场的联系；引入了磁场力线假说，奠定了经典电磁学理论的基础；发现了强磁场使偏振光的偏振面发生旋转，首次表明光与磁之间存在某种关系。

太厉害了！电动机和发电机居然都是他发明的！

图 4-7-3　法拉第纪念邮票

他还有很多重要的贡献呢！1837年他引入了电场和磁场概念,指出电和磁的周围都有场的存在,打破了牛顿力学"超距作用"的传统观念。1838年,提出了电力线的新概念来解释电、磁现象,这是物理学理论上的一次重大突破。1843年,用有名的"冰桶实验",证明了电荷守恒定律。1852年,引进了磁力线的概念,从而为经典电磁学理论的建立奠定了基础。1845年发现强磁场使偏振光的偏振面发生旋转。这一发现具有特殊意义,首次表明光与磁之间存在某种关系。

看来他也是一位天才的物理学家啊！

爱因斯坦曾高度评价法拉第的工作,认为他在电学中的地位,相当于伽利略在力学中的地位,奠定了电磁学的实验基础。

司司、南南,你们知道在发明电动机以前,法拉第在做什么吗?

不会也是在中学做物理教师吧?

呵呵,不是的。当时法拉第正在英国皇家研究所做化学研究工作,是著名化学家戴维的助手。

他不是研究物理的啊?

他当然研究物理,但也从事化学研究工作,而且他一生在化学上也有很多重大贡献。

在1818~1823年研制合金钢期间,首创金相分析方法;1823年从事气体液化工作,标志着人类系统进行气体液化工作的开始;1825年发现苯;1845年利用自己研制出的一种重玻璃(硅酸硼铅),发现磁致旋光效应。他更主要的贡献在电化学方面(对电流所产生的化学效应的研究)。1833~1834年发现电解定律,两个定律均以他的名字命名,构成了电化学的基础。他还对化学中的许多重要术语给予了通俗的名称,如阳极、阴极、电极、离子等。

他一边从事化学研究,一边从事物理研究,还是个发明家,我真是太佩服他了!

不仅他的科研能力和科研精神让我们佩服,他淡泊名利的品质也值得我们学习。为了专心从事科学研究,他放弃了一切有丰厚报酬的商业性工作。他在1857年谢绝了皇家学会拟选他为会长的提名,他甘愿以平民的身份实现献身科学的诺言,终身在皇家学院实验室工作,做一个平凡的迈克尔·法拉第。

法拉第非常热心科学普及工作，在他任皇家研究所实验室主任后不久，即发起举行星期五晚间讨论会和圣诞节少年科学讲座。他在 100 多次星期五晚间讨论会上作过讲演，在圣诞节少年科学讲座上讲演达 19 年之久。法拉第还热心公众事业，长期为英国许多公私机构服务。他为人质朴、不善交际、不图名利、喜欢帮助亲友。

第八节
同学们给他起了一个"傻瓜"的绰号
——麦克斯韦

本节内容 ▶

① 卡文迪许实验室
② 物理学贡献

司司、南南，你们听说过卡文迪许实验室吗？

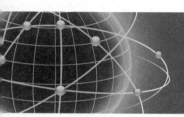

James Clerk Maxwell.

图 4-8-1　麦克斯韦画像

伯文爷，我知道。那是剑桥大学的一个物理实验室，听说很多诺贝尔物理学奖获得者都是从那里面出来的。

对！卡文迪许实验室甚至被誉为"诺贝尔物理学奖获得者的摇篮"。那你们知道这个实验室的第一任主任是谁吗？

这个就不知道了！

他是英国理论物理学家和数学家麦克斯韦，是经典电动力学的创始人，统计物理学的奠基人之一，被人们誉为"自牛顿以来最伟大的数学物理学家"。

麦克斯韦筹建了剑桥大学的第一个物理实验室——卡文迪许实验室，作为该实验室的第一任主任，他在就职演说中对实验室未来的教学方针和研究精神作了精彩的论述。他批评当时英国传统的"粉笔"物理学，呼吁加强实验物理学的研究及其在大学教育中的作用，为后世确立了实验科学研究精神。

我们知道，牛顿把天上和地上的运动规律统一起来，实现了科学史上的第一次大综合，而麦克斯韦则把电、光统一起来，实现了第二次大综合。没有他的电磁学理论贡献，就不可能有现代文明。

原来麦克斯韦的贡献如此重大！伯文爷，快给我们讲讲怎么回事吧！

1. 卡文迪许实验室

卡文迪许实验室是英国剑桥大学的物理实验室，建立于1871年，是当时剑桥大学的一位校长威廉·卡文迪许私人捐款兴建的，以英国物理学家和化学家亨利·卡文迪许的名字命名。负责创建该实验室的是著名物理学家、电磁场理论的奠基人麦克斯韦。卡文迪许实验室是近代科学史上第一个社会化和专业化的科学实验室，先后培养了20多位诺贝尔奖获得者。

2. 物理学贡献

麦克斯韦主要从事电磁理论、分子物理学、统计物理学、光学、力学、弹性理论方面的研究。他建立的电磁场理论，将电学、磁学、光学统一起来，是19世纪物理学发展的最光辉的成果，是科学史上最伟大的综合之一。

你们还记得我们昨天聊过的法拉第吗？法拉第是实验大师,提供了许多新的电磁理论,但由于欠缺数学功力,他的创见都是以直观形式来表达的。一般的物理学家恪守牛顿的物理学理论,对法拉第的学说感到不可思议。有位天文学家曾公开宣称:"谁要在确定的超距作用和模糊不清的力线观念中有所迟疑,那就是对牛顿的亵渎!"

哦,我知道了。麦克斯韦一定是把法拉第的电磁理论用清晰准确的数学形式表现出来了!

非常聪明！麦克斯韦在潜心研究了法拉第关于电磁学方面的新理论和思想之后,坚信法拉第的新理论包含着真理。于是他抱着给法拉第的理论"提供数学方法基础"的愿望,对整个电磁现象作了系统、全面的研究。当然这其中也离不开另一位著名的科学家汤姆逊的支持。

哦,那他仅仅是对法拉第的理论做了总结和数学证明工作吗?

呵呵,当然不止了。他将电磁场理论用简洁、对称、完美的数学形式表示出来,经后人整理和改写,成为经典电动力学主要基础的麦克斯韦方程组。据此,他提出了光的电磁说,预言了电磁波的存在。造福于人类的无线电技术,就是以电磁场理论为基础发展起来的。

麦克斯韦成名主要是在于他对电磁学和光学做出的巨大贡献，但是他对许多其他学科也做出了重要的贡献，其中包括天文学和热力学。麦克斯韦20几岁时曾写过一篇有关土星的论文证实土星外围的那些环都是由一块块不相黏附的物质组成的，100多年以后当一架"航行者"太空推测器到达土星周围时，证实了这一理论。他还推导出了热力学中的麦克斯韦分布式，是应用最广泛的科学公式之一，在许多物理分支中起着重要的作用。

真是一位伟大的物理学家！

司司、南南，你们知道吗？这样一位伟大的科学家，小时候却被同学叫做"傻瓜"。麦克斯韦8岁那年，母亲患肺结核不幸去世。父亲帮他剪裁舒适的但不合时尚的衣服，为此麦克斯韦受到同学的嘲笑，同学们给他起了绰号，叫他"傻瓜"。但麦克斯韦坚持穿着，后来由于他的数学和诗歌在学校竞赛中得了第一名，这才改变他被同学笑话的境况。

事实证明了他不是傻瓜，他的功绩改变了世界！

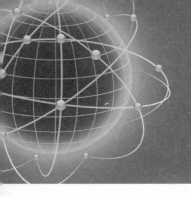

第九节
他测出了电磁波的速度
——赫兹

司司、南南,我们说过麦克斯韦预言了电磁波的存在,后来有科学家证明了他的预言,你们知道这位科学家是谁吗?

谁啊？

司司、南南,你们是不是经常听广播呢?广播中经常会听到"FM调频广播"、"FM100.8Hz"等术语,你们知道这里的"Hz"是什么吗?

1.频率单位

"赫兹"是国际单位制中频率的单位,它是每秒内的周期性变动重复次数的计量,其符号是"Hz"。

哦,这个我知道,"Hz"意思是赫兹,是频率的单位。

对!"赫兹"也是国际单位制中频率的单位,而这个单位就是为了纪念德国著名的物理学家赫兹。因为他通过实验证实了电磁波的存在,并对电磁学有很大的贡献。

图4-9-1 调频收音机

麦克斯韦都没能验证,他怎么通过实验证明的呢?

我们知道,麦克斯韦是以数学推导而出名的,而赫兹则是理论与实验都非常厉害的一位科学家。依照麦克斯韦理论,电扰动能辐射电磁波。赫兹根据电容器经由电火花隙会产生振荡原理,设计了一套电磁波发生器,又设计了一简单的检波器来探测此电磁波。1888年,赫兹的实验成功了,而麦克斯韦理论也因此获得了无上的光彩。

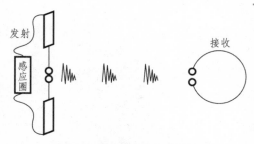

图 4-9-2　赫兹的实验装置

赫兹在实验时曾指出,电磁波可以被反射、折射如同可见光、热波一样的被偏振。由他的振荡器所发出的电磁波是平面偏振波,其电场平行于振荡器的导线,而磁场垂直于电场,且两者均垂直于传播方向。1889年在一次著名的演说中,赫兹明确地指出,光是一种电磁现象。

2. 科学贡献

除用实验验证电磁波的存在外,赫兹还明确指出,光是一种电磁现象,可以被反射、折射和被偏振;他改写了麦克斯韦方程组,将新的发现纳入其中,用偏微分方程表达电磁场方程,通常称为"波动方程"。他还发现了"光电效应",在接触力学领域也做出了一些贡献。

3. 马可尼

伽利尔摩·马可尼,意大利电气工程师和发明家,无线电技术的发明人,也是收音机,即无线电接收机的发明者。1909年他与布劳恩一起获得诺贝尔物理学奖。

4. 光电效应

"光电效应"是物理学中一个重要而神奇的现象,在光的照射下,某些物质内部的电子会被光子激发出来而形成电流,即光生电。光电现象由德国物理学家赫兹于1887年发现,而正确的解释是爱因斯坦所提出的。光电效应的深入研究对发展量子理论起了根本性作用。

那用无线电传播讯号也是赫兹最先做的吗？

这倒不是！意大利无线电工程师、企业家伽利尔摩·马可尼才是使用无线电报通信的创始人。

1894年年满20岁的马可尼了解到赫兹的实验和理论成果，很快就想到可以利用这种波向远距离发送信号而又不需要线路。经过一年的努力，他于1895年成功地发明了一种工作装置，1896年他在英国做了该装置的演示试验，首次获得了这项发明的专利权。马可尼很快成立了一家公司，1898年第一次发射了无线电。20世纪无线电通讯便有了异常惊人的发展。

图4-9-3　赫兹纪念邮票

那赫兹还有其他的科学贡献吗？

有啊！他改写了麦克斯韦方程组，将新的发现纳入其中，用偏微分方程表达电磁场方程，通常称为波动方程，还发现了"光电效应"。在接触力学领域也做出了一些贡献。不过这位伟大的物理学家却在1894年因为败血症英年早逝，年仅37岁。

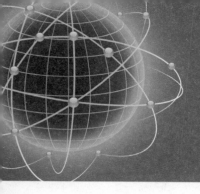

第十节
他引发了电子革命
——基尔比

图 4-10-1　知道这是什么吗？

本节内容 ▶

① 集成电路
② 集成电路的应用

1. 集成电路

集成电路又称"IC"，是一种微型电子器件或部件。采用一定的工艺，把一个电路中所需的晶体管、二极管、电阻、电容和电感等元件及布线互连一起，制作在一小块或几小块半导体晶片或介质基片上，然后封装在一个管壳内，成为具有所需电路功能的微型结构。集成电路具有体积小、重量轻，引出线和焊接点少、寿命长、可靠性高、性能好等优点，同时成本低，便于大规模生产，具有广泛的应用。

司司、南南，你们知道这张图片（图 4-10-1）是什么吗？

好像是机房吧？

哈哈，那是一台早期的计算机，叫"电子延迟存储自动计算机（EDSAC）"，是世界上首次实现存储程序的计算机，由英国剑桥大学威尔克斯领导、设计和制造的，1949 年投入运行。

啊？这计算机怎么那么大啊？跟现在的计算机完全不是一个概念嘛！

哈哈，是啊！这就要感谢集成电路的发明者基尔比了。

　　集成电路是一种微型电子器件或部件。采用一定的工艺,把一个电路中所需的晶体管、二极管、电阻、电容和电感等元件及布线互连在一起,制作在一小块或几小块半导体晶片或介质基片上,然后封装在一个管壳内,成为具有所需电路功能的微型结构;其中所有元件在结构上已组成一个整体,使电子元件向着微小型化、低功耗和高可靠性方面迈进了一大步。它在电路中用字母"IC"表示。集成电路发明者是杰克·基尔比(基于硅的集成电路)和罗伯特·诺伊思(基于锗的集成电路)。当今半导体工业大多数应用的是基于硅的集成电路。

伯文爷,快给我们讲讲基尔比吧!

　　杰克·基尔比是集成电路的两位发明人之一,德州仪器公司的工程师。他于1958年发明集成电路,1966年研制出第一台袖珍型计算器,"JK正反器"就是以他的名字命名的。基尔比的名字被写入了美国发明家名人堂,获得了与亨利·福特、爱迪生、怀特兄弟并列的荣誉。其一生拥有60多项美国专利,2000年获得诺贝尔物理学奖。

真的好厉害哦！那他怎么发明集成电路的呢？

图4-10-2 晶体三极管

1948年，贝尔实验室的威廉·肖克利和两位同事发明了晶体管，使电子设备向轻便化、高效化发展。肖克利因此获得了1956年度的诺贝尔物理学奖。然而利用晶体管组装的电子设备还是太笨重了，个人拥有计算机，仍然是一个遥不可及的梦想。基尔比在取得硕士学位后，供职于德州仪器公司，因为这家公司能给他提供了大量的时间和不错的实验条件。

图4-10-3 基尔比发明的第一块集成电路

他就是在这里发明的集成电路吗？

对！当时的德州仪器公司有个传统，炎热的8月里员工可以享受双周长假。但是，初来乍到的基尔比却无缘长假，只能待在冷清的车间里独自研究。他有了一个天才的想法：既然所有元器件都可以用同一种材料制造，那么这些部件可以先在同一块材料上就地制造，再相互连接，最终形成完整的电路。就这样他发明了集成电路。

2. 集成电路的应用

集成电路不仅在工、民用电子设备如收录机、电视机、计算机等方面得到广泛的应用,同时在军事、通讯、遥控等方面也得到广泛的应用。利用集成电路来装配电子设备,其装配密度比晶体管可提高几十倍至几千倍,设备的稳定工作时间也可大大提高。

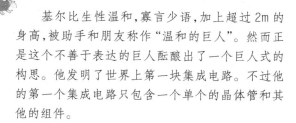

基尔比生性温和,寡言少语,加上超过2m的身高,被助手和朋友称作"温和的巨人"。然而正是这个不善于表达的巨人酝酿出了一个巨人式的构思。他发明了世界上第一块集成电路。不过他的第一个集成电路只包含一个单个的晶体管和其他的组件。

哈哈,看来他的这个假期没休成算是对了!

伯文爷,刚才不是说集成电路的发明者还有一个人吗?这又是怎么回事呢?

哈哈,你听得很认真!另一位是集成电路之父、英特尔创始人罗伯特 · 诺伊斯,也被称为"硅谷之父"。当时他创办了被人们称为半导体工业摇篮的仙童(Fairchild)公司(现已成为历史)。1959年,罗伯特 · 罗伊斯申请了更为复杂的硅集成电路专利,并马上投入了商业领域。但基尔比首先申请了专利,因此,罗伊斯被认为是集成电路的共同发明人。

图4-10-4　现代集成电路

1959 年 3 月,在纽约举行的工业发明博览会上,TI 公司宣布了它的集成电路。当年 7 月 30 日,诺伊斯也提出了专利申请。有趣的是,基尔比的专利虽然申请在前,却被批准在后(1964 年 6 月 23 日),而诺伊斯的申请却在 1961 年 4 月 26 日就被批准了。这引起了一场发明权的诉讼,最后法院判两个专利都有效,因而使集成电路成为一项同时发明,基尔比和诺伊斯共享了"集成电路之父"的荣誉。

哦,原来"集成电路之父"有两个人啊!

对!集成电路的诞生,使微处理器的出现成为了可能,也使计算机变成普通人可以享受的日常工具。集成电路几乎成为今天每个电子产品的必备部件,从手机到调制解调器,再到网络游戏终端,这个小小的芯片改变了世界。

仅仅在其开发后半个世纪,集成电路就变得无处不在了,电脑、手机和其他数字电器成为现代社会结构不可缺少的一部分。这是因为现代计算、交流、制造和交通系统,包括互联网,全都依赖于集成电路的存在。甚至很多学者认为由集成电路带来的数字革命是人类历史中最重要的事件。

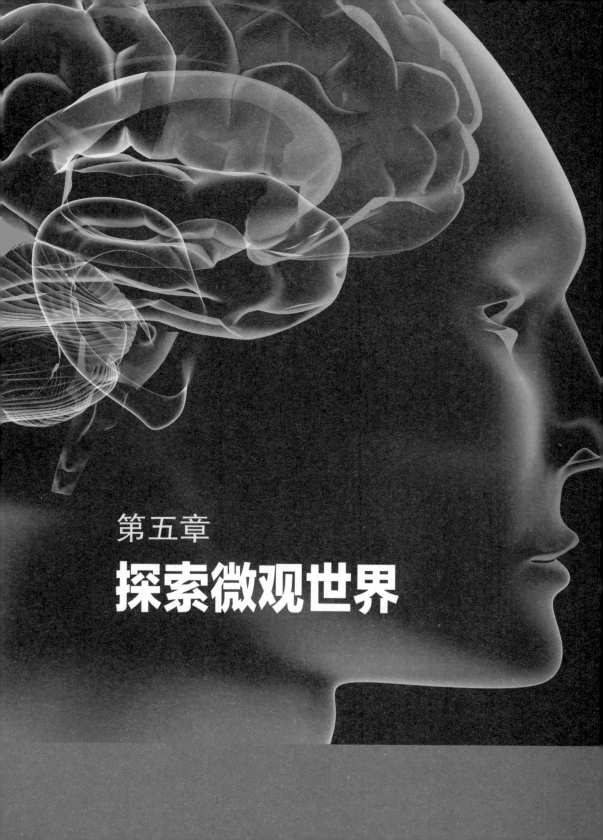

第五章

探索微观世界

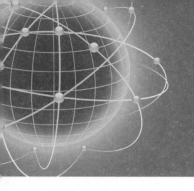

第一节
不善动手的实验物理学家
——汤姆逊

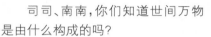

司司、南南,你们知道世间万物是由什么构成的吗?

我知道物质是由分子、原子或离子构成的。

嗯! 其实原子还可以进一步分为原子核和核外电子。

1. 电子

电子是构成原子的基本粒子之一,质量极小,带负电,在原子中围绕原子核旋转。不同的原子拥有的电子数目不同。

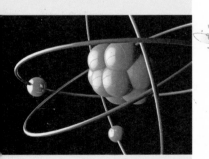

图 5-1-1　原子的组成

司司、南南,你们知道吗? 电子是构成原子的基本粒子之一,质量极小,带负电,在原子中围绕原子核旋转。不同的原子拥有的电子数目不同。例如,每一个碳原子中含有 6 个电子,每一个氧原子中含有 8 个电子。当电子脱离原子核束缚在其他原子中自由移动时,其产生的净流动现象称为电流。静电是指当物体带有的电子多于或少于原子核的电量,导致正负电量不平衡的情况。当电子过剩时,物体带负电;而电子不足时,物体带正电。当正负电量平衡时,则称物体是电中性的。静电在我们日常生活中有很多应用方法,如喷墨打印机。

是谁发现电子的呢？

它最先是由英国物理学家汤姆逊发现的。

伯文爷,快给我们讲讲汤姆逊的故事吧!

呵呵,还是我来讲吧! 汤姆逊1856年出生于英格兰的曼彻斯特,父亲是一个专印大学课本的商人。在汤姆逊很小的时候,父亲就对他严格要求,每天督促他抓紧时间学习,甚至连他休息的时间父亲也会陪他练钢琴。父亲对他的严格管教使他打下了良好的基础,并且养成了勤奋学习的习惯。另外,因父亲的职业关系,汤姆逊从小也受到学者的影响,14岁便进入了曼彻斯特大学。在大学学习期间,他受到了司徒华教授的精心指导,加上他自己的刻苦钻研,学业提高很快。1876年,汤姆逊被保送到剑桥大学三一学院深造,1880年他参加了剑桥大学的学位考试,以第二名的优异成绩取得学位,两年后又被任命为大学讲师。1884年,28岁的汤姆逊开始担任剑桥大学卡文迪许实验室物理学教授。

2. 阴极射线

阴极射线是在1858年利用低压气体放电管研究气体放电时发现的。对于其本质科学界争论了近20年,直到1897年汤姆逊通过实验发现其本质是带负电的粒子。

图5-1-2 汤姆逊画像

3. 电子的发现

1897 年汤姆逊根据放电管中的阴极射线在电磁场和磁场作用下的轨迹确定阴极射线中的粒子带负电，并测出其荷质比，这在一定意义上是历史上第一次发现电子，12 年后 R·A·密立根用油滴实验测出了电子的电荷。

看来父母的严格管教还是很重要的嘛！那汤姆逊是怎么发现电子的呢？

1859 年，德国的普吕克尔利用盖斯勒管进行放电实验时看到了正对着阴极（负极）的玻璃管壁上产生出绿色的辉光。1876 年，德国的戈尔兹坦提出，玻璃壁上的辉光是由阴极产生的某种射线所引起的，他把这种射线命名为"阴极射线"。科学家们对于阴极射线的本质争论了 20 多年，答案终于由汤姆逊在 1897 年通过实验而揭晓。

汤姆逊就是在实验中发现电子的吗？

对！汤姆逊通过实验发现，这些"射线"是带负电的物质粒子。他反问自己："这些粒子是什么呢？它们是原子还是分子？"这需要做更精细的实验。当时还不知道比原子更小的东西，因此汤姆逊假定这是一种被电离的原子，即带负电的"离子"。他要测量出这种"离子"的质量来。为此，他设计了一系列实验，得出这种"离子"是不同于原子的另外物质。

司司、南南,你们知道汤姆逊是怎么设计实验的吗?汤姆逊对粒子同时施加一个电场和磁场,并调节到电场和磁场所造成的粒子的偏转互相抵消,让粒子仍做直线运动。这样,从电场和磁场的强度比值就能算出粒子运动速度。而速度一旦找到后,单靠磁偏转或者电偏转就可以测出粒子的电荷与质量的比值。

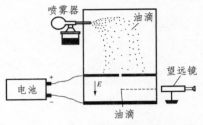

图 5-1-3 密立根油滴实验装置示意图

后来,美国的物理学家罗伯特·密立根在油滴实验中,精确地测出电子质量是氢原子质量的 1/1836。"电子"这一名称是由物理学家斯通尼在 1891 年采用的,原意是定出的一个电的基本单位的名称,后来这一词被应用来表示汤姆逊发现的"微粒"。汤姆逊测得的结果肯定地证实了阴极射线是由电子组成的。至此,人类首次用实验证实了一种"基本粒子"——电子的存在。

看来在物理学的研究中实验能力很重要啊!

是的。但有趣的是,汤姆逊是一个动手能力极差的实验物理学家。他天生双手笨拙,动手做实验时很不灵活,但他擅长用理论处理实验结果和构思、设计实验。因此在 1884 年被破格遴选入卡文迪许实验室后,主要靠助手帮助进行实验。卢瑟福就是其中最为出色的一位学生和助手。

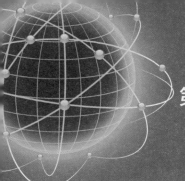

第二节
"我竟从物理学家一下子变成了化学家"
——卢瑟福

伯文爷,你说卢瑟福是汤姆逊最出色的学生。那卢瑟福到底是一个什么样的人物呢? 他又有什么样的科学贡献呢?

卢瑟福是一个曾在地里种马铃薯的伟大科学家。1871 年 8 月 30 日欧内斯特·卢瑟福出生在新西兰,祖籍苏格兰,父亲是农民和工匠,母亲是乡村教师。卢瑟福兄弟姐妹一共 12 人,家境贫寒。但由于他的父母很重视子女的教育,卢瑟福还是努力完成了大学学业,并有幸到英国剑桥大学卡文迪许实验室,师从汤姆逊攻读研究生。

1. 卢瑟福散射实验

卢瑟福散射实验又叫"α 粒子散射实验",是 1909 年汉斯·盖革和恩斯特·马斯登在卢瑟福指导下做的一个著名物理实验,实验结果成为否定汤姆孙原子模型的有力证据。在此基础上,卢瑟福提出了"原子核式结构模型"。

司司、南南,你们知道吗? 1932 年 11 月,《纽约时代杂志》刊登了一则短文,文中提到一位记者有一次在剑桥大学三一学院的教职员餐厅用餐,遇到一位陌生人坐在自己的旁边吃饭。事后他问工作人员:"在我旁边的那位澳大利亚农民是谁?""那是卢瑟福勋爵",工作人员回答。记者接着说:"除去他的眼睛之外,这个人的相貌对于他的巨大的科学威望来说,提供不了多少线索。"但这就是卢瑟福!

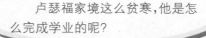
卢瑟福家境这么贫寒,他是怎么完成学业的呢?

　　卢瑟福深深地理解父母的困难,他从小就利用暑期打工挣学费,后来听说学习成绩优秀可以获得奖学金,他就更加努力的学习。离开小学之后,卢瑟福参加了竞争一项州政府奖学金的考试并获得奖学金,免费进入纳尔逊学院接受中学教育。学习期间,他获得了很多奖励并在最后一年获得进入新西兰大学深造的奖学金。1895 年,他申请到大英博览会奖学金并进入英国剑桥大学卡文迪许实验室学习研究。艰苦求学的经历培养了卢瑟福一种认准目标就百折不挠勇往直前的精神。后来学生为他起了一个绰号叫"鳄鱼"。

　　司司、南南,你们知道吗?卢瑟福的奖学金之路也充满了坎坷。1895年,他申请了可以到英国攻读研究生的大英博览会奖学金,但基金委员会经过争论决定把奖学金授予另一位候选人麦克劳林。4月的一天,卢瑟福正在菜园里挖马铃薯,母亲高兴地向菜园跑去,手里拿着电报纸在空中不断摇动,并用劲地叫喊:"你取上啦!你取上啦!"卢瑟福不明白母亲在干什么,等他看了电报才明白,基金委员会改变主意把这项奖学金授予他了。他立即扔下手中的铁锹,高兴得跳起来:"这也许是我挖的最后一个马铃薯啦!"原来麦克劳林已经结婚,而基金会所给的奖学金无论如何也不能养活两个人,麦克劳林决定留在新西兰。这年9月,卢瑟福筹借了路费,告别了双亲,登上了开往英国的客轮。

真的很传奇耶!那卢瑟福的伟大科学贡献是什么呢?

2. 出色的学术带头人

卢瑟福先后领导曼彻斯特大学物理实验室和剑桥大学卡文迪许实验室的科研,是一位非常出色的学术带头人,他的助手和学生总计有 12 人先后获得诺贝尔奖。

2002 年,美国科学家评选出了有史以来最美丽的十大经典物理学实验,其中有一项就是卢瑟福的"α 粒子散射实验",这就是他对科学的伟大贡献之一。

那"α 粒子散射实验"是怎么一回事呢?

当时原子在人们的印象中就好像是"葡萄干布丁"(汤姆逊模型),大量正电荷聚集的糊状物质中间包含着电子微粒。卢瑟福和他的助手做实验时发现向金箔发射带正电的 α 微粒时有少量被弹回,这使他们非常吃惊。卢瑟福计算出原子并不是一团糊状物质,而是大部分物质集中在一个中心小核上(现在叫做原子核),电子在它周围环绕。我们称卢瑟福提出的这种原子结构为"原子核式结构模型"。

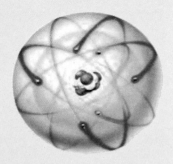

图 5-2-2　原子核式结构模型

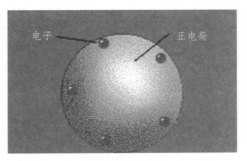

图 5-2-1　汤姆逊原子模型

司司、南南,你们知道卢瑟福的 α 粒子散射实验是怎么做的吗?用准直的 α 射线轰击厚度为微米的金箔,发现绝大多数的 α 粒子都径直穿过薄金箔,偏转角度很小,但有少数 α 粒子偏转角度比汤姆逊模型所预言的大得多。大约有 1 / 8 000 的 α 粒子偏转角大于 90°,甚至观察到偏转角等于 150° 的散射,称之为"大角散射",更无法用汤姆逊模型说明。1911 年卢瑟福提出"原子的有核模型",又称"原子的核式结构模型",带正电的物质集中在中心形成一个质量很大体积很小的原子核,带负电的电子绕着核在核外运动,由此导出的 α 粒子散射公式,说明了 α 粒子的大角散射。

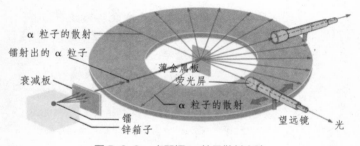

α 粒子的散射

镭射出的 α 粒子

衰减板

薄金属板
荧光屏

α 粒子的散射

镭
锌箱子

望远镜
光

图 5-2-3　卢瑟福 α 粒子散射实验

有意思的是卢瑟福酷爱物理,却获得了 1908 年的诺贝尔化学奖。他曾风趣地说:"我竟摇身一变,成为一位化学家了,这是我一生中绝妙的一次玩笑!"

呵呵,还有这样的事啊! 真有趣!

3. 世界十大经典物理学实验

①埃拉托色尼测量地球圆周实验

②伽利略的自由落体实验

③伽利略的加速度实验

④牛顿的棱镜分解太阳光实验

⑤卡文迪许的扭矩实验

⑥托马斯·杨的光干涉实验

⑦米歇尔·傅科的钟摆实验

⑧罗伯特·密立根的油滴实验

⑨卢瑟福的 α 粒子散射实验

⑩托马斯·杨的双缝演示应用于电子干涉实验

还有更有趣的。有一次,他和助手正在做实验。实验成功后卢瑟福正在读数据,便对助手说:"快!把我的读数记下来。"助手突然想起实验记录本在另一个房间,正想去拿。可卢瑟福却厉声叫道:"记在你的袖子上!"惊慌的助手真的把数据写在了自己的衣袖上。事后,卢瑟福看见助手弄脏了衣服,便说:"真对不起!但没有办法!我们得抓紧时间呀!如果不把数据记录在袖子上,那我们的实验还得重头做,那多浪费时间啊!"正因为这种投入科研的精神,他的助手和学生有 12 人先后获得诺贝尔奖。

第三节
量子论的奠基者
——普朗克

本节内容 ▶

① 热辐射
② 量子论的提出
③ 高尚的品德

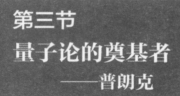

伯文爷,火烧得越大,温度就越高,我们就感到越暖和,这其中是不是也有什么物理学道理啊?

当然!这涉及辐射与能量以及波长的关系。为了揭示其中的道理,科学家费尽了心血,甚至引发了物理学的一场变革。

伯文爷，快给我们讲讲吧！

你们知道，当铁匠打铁或者工厂炼钢的时候，钢铁受热都会发出光。这其实是一种热辐射现象。物体由于受热而发出电磁波的现象叫做"热辐射"。热辐射能发出电磁波，而且物体的温度愈高，辐射出的总能量就愈大。为了研究物体辐射出的能量与物体的温度以及它发射出的电磁波波长之间的关系，物理学家从经典物理学出发，得出较为著名的维恩公式和瑞利公式。但这两个公式所得出的理论值与实验数据在某些情况下都存在着不符的情况。

那后来怎么解决的呢？

1900 年，普朗克采用拼凑的办法，得到了理论与实验在各种情况都相吻合的公式。但公式的理论依据，连普朗克自己也不得而知。不久，普朗克发现，只要假定物体的辐射能不是连续变化，而是取某个最小数值的整数倍跳跃地变化，就能解释这个公式。普朗克把最小的不能再分的能量单位叫做"能量子"和"量子"。每个能量子的能量大小为"$\varepsilon = h\nu$"，其中，"h"是普朗克常数，"ν"是物体辐射电磁波的频率。伟大的量子论就此诞生了。1918 年，普朗克因提出量子理论获得了诺贝尔物理学奖。

1. 热辐射

"热辐射"是物体由于具有温度而辐射电磁波的现象，是热量传递的三种方式之一。一切温度高于绝对零度的物体都能产生热辐射；温度愈高，辐射出的总能量就愈大，短波成分也愈多。一般的热辐射主要靠波长较长的可见光和红外线传播。由于电磁波的传播无需任何介质，所以热辐射是在真空中唯一的传热方式。

图 5-3-1 普朗克纪念邮票

2. 量子论的提出

19世纪末,人们用经典物理学解释黑体辐射实验的时候,出现了著名的所谓"紫外灾难"。普朗克经过几年努力,导出了一个和实验相符的黑体辐射公式,但是要解释这个公式,必须假定物质辐射(或吸收)的能量不是连续的,而是一份一份进行的,只能取某个最小数值的整数倍,就这样,普朗克发现了量子理论。

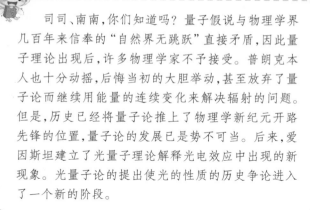

司司、南南,你们知道吗?量子假说与物理学界几百年来信奉的"自然界无跳跃"直接矛盾,因此量子理论出现后,许多物理学家不予接受。普朗克本人也十分动摇,后悔当初的大胆举动,甚至放弃了量子论而继续用能量的连续变化来解决辐射的问题。但是,历史已经将量子论推上了物理学新纪元开路先锋的位置,量子论的发展已是势不可当。后来,爱因斯坦建立了光量子理论解释光电效应中出现的新现象。光量子论的提出使光的性质的历史争论进入了一个新的阶段。

伯文爷,请您给我们讲讲普朗克的故事吧!

图 5-3-2 普朗克雕像

普朗克是20世纪最伟大的科学家之一,1858年出生于德国,他的曾祖父和祖父都是哥廷根的神学教授,父亲是基尔和慕尼黑的法学教授。普朗克从小受到良好教育,在基尔度过了他童年最初的几年时光。1867年全家搬去了慕尼黑,普朗克在慕尼黑的马克西米利安文理中学读书,并在那里他受到物理老师——数学家米勒的启发,对数学和物理产生了浓厚兴趣。普朗克先在慕尼黑大学学习物理学,后来转学到柏林大学,在著名物理学家亥姆霍兹和基尔霍夫手下学习。

司司、南南,你们知道普朗克是怎样描述亥姆霍兹的教学吗?他说:"亥姆霍兹课前从来不好好准备,讲课时断时续,经常出现计算错误,让学生觉得他上课很无聊。"而对于基尔霍夫,普朗克也写道:"他讲课仔细,但是单调乏味。"可见普朗克对老师的要求高呢!尽管如此,普朗克还是很快与这两位老师建立了真挚的友谊。

呵呵! 原来著名的物理学家上课也会无聊、乏味啊! 不过,普朗克做出的贡献确实很具有开拓性。

普朗克不但有重要的科学贡献,而且还是位人品高尚的人。在1918年4月德国物理学会庆贺他60寿辰的纪念会上,普朗克致答谢词说:"试想一位矿工,他竭尽全力地进行贵重矿石的勘探。有一次,他找到了天然金矿脉,而且在进一步研究中发现它是无价之宝,比先前可能设想的还要贵重无数倍。假如不是他自己碰上这个宝藏,那么无疑地,他的同事也会很快地、幸运地碰上它。"

3. 高尚的品德

普朗克是一个非常谦虚的人,他认为量子论即便不被自己发现,他的同行们也会发现,他认为自己只不过是恰好碰到了而已。

这当然是普朗克的谦虚。洛仑兹在评论普朗克关于能量子这个大胆假设的时候所说的话,才道出了问题的本质。他说:"我们一定不要忘记,这样灵感观念的好运气,只有那些刻苦工作和深入思考的人才能得到。"

1947年,普朗克逝世,他被埋葬在德国格丁根市的公墓内,标志是一块简单的矩形石碑,上面写着他的名字,下面写着普朗克常数的值:$h=6.6260693(11)\times10^{-34}\text{J}\cdot\text{s}$

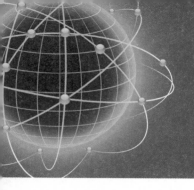

第四节
世纪伟人
——爱因斯坦

 司司、南南,你们肯定知道爱因斯坦吧?

 伯文爷,我知道! 爱因斯坦是一个非常伟大的物理学家,提出了相对论。

 伯文爷,我也知道。听说他小的时候很笨,四五岁还不会说话。他妈妈担心他是哑巴,还带他到医院去检查呢! 老师也嫌他反应慢,劝他退学。

图 5-4-1　爱因斯坦卡通图案

 看来你们知道的还真不少。但是爱因斯坦中途退学后在母亲的指导下自学,还是考上了苏黎世联邦工业大学。毕业后经朋友的父亲帮忙说情,在瑞士伯尔尼专利局当技术员。

 是专利局技术员啊? 怎么还搞物理研究呢?

哈哈！技术员就不能搞研究了？虽然是小技术员，但爱因斯坦依然保持着对物理学研究的浓厚兴趣。他利用业余时间从事物理学的研究，广泛地关注着物理学界的前沿动态，在许多问题上，形成了自己的独特见解。1905年，爱因斯坦连续发表了五篇论文，包括物理学方面三项重要的发展。其中在《论动体的电动力学》这篇论文中，爱因斯坦首次提出了狭义相对论。

1. 狭义相对论

狭义相对论是由爱因斯坦在洛仑兹和庞加莱等人的工作基础上创立的时空理论，是对牛顿时空观的拓展和修正，有两个基本假设。狭义相对论最核心的观点是时间和空间的相对性。

伯文爷，听说爱因斯坦提出的相对论很深奥，您能简单给我们介绍一下吗？

2. 尺缩效应

在某一个运动的参考系中，对一根沿运动方向放置且相对于此参考系静止的棒的长度要比在一个静止的参考系中测得的此棒的长度短一些。这种情况被叫做"长度收缩效应"，或"尺缩效应"。

狭义相对论是爱因斯坦在洛仑兹和庞加莱等人的工作基础上创立的时空理论，是对牛顿时空观的拓展和修正。有两个基本假设：一是狭义相对性原理，物理定律在所有惯性系中具有相同的数学形式；二是光速不变原理，在所有惯性系中，真空中的光速恒定，与光源或观察者的运动无关。狭义相对论最为核心的观点是时间和空间的相对性。

司司、南南,你们知道参考系和惯性系吗? 由于一切物体都在运动,在研究一个物体的运动时,首先要确定物体的运动是相对哪一个物体来说的,被选来作为参考标准的物体,叫做"参考物"或"参考系"(参照物或参照系)。根据牛顿力学定律在参考系中是否成立这一点,可把参考系分为"惯性系"和"非惯性系"两类。牛顿第一、第二定律成立的参考系就叫做"惯性系"。

牛顿第一定律:物体保持静止或匀速直线运动不变,除非作用在它上面的"力"迫使它改变这种状态。

牛顿第二定律:物体的加速度跟物体所受的合外力 F 成正比,跟物体的质量成反比,加速度的方向跟合外力的方向相同。

哇唔! 好复杂哦!

是啊! 不过,由狭义相对论可以导出两个很有意思的结论:一个是长度收缩,另外一个是时间延缓。

长度收缩? 什么意思呢?

当一根尺子从我们身边经过时,任何精确的试验都表明其长度比静止时要短。尺子并非看上去短了,它的确短了! 然而,它只在其运动方向上收缩。在某一个运动的参考系中,对一根沿运动方向放置且相对于此参考系静止的棒的长度要比在一个静止的参考系中测得的此棒的长度短一些。这种情况被叫做"长度收缩效应",或"尺缩效应"。

真奇怪！那时间延缓效应呢？

简单地说，就是在一个相对我们做高速运动的惯性系中发生的物理过程，在我们看来，他所经历的时间比在这个惯性系中直接观察到的时间长。惯性系的速度越大，我们观察到的过程所经历的时间也就越长。

司司、南南，你们知道吗？根据时间延缓效应，物理学家朗之万还提出了一个著名的双生子悖论。有一对双生兄弟，其中一个跨上一宇宙飞船作长程太空旅行（宇宙飞船的飞行速度很快，接近光速），而另一个则留在地球。结果当旅行者回到地球后，我们发现他比留在地球的兄弟更年轻。

哇！太神奇了吧！

哈哈，这只是朗之万的一个假设。爱因斯坦还得出了一个结论：能量和质量是可以相互转换的。怎么转换呢？答案就在 $E=mc^2$ 这个公式之中。在某种意义上讲，正是爱因斯坦的这个公式导致了原子弹、氢弹的诞生，出现了现在大家所熟知的核电站。

3. 时间延缓效应

一般来说，在一个相对我们做高速运动的惯性系中发生的物理过程，在我们看来，他所经历的时间比在这个惯性系中直接观察到的时间长。这就是"时间延缓效应"，又叫做"钟慢效应"。

4. 质能方程

质能方程即"$E=mc^2$"，其中"E"代表能量，"m"代表质量，"c"代表光速，说明能量和质量是可以相互转换的。

图5-4-2　质能方程纪念邮票

爱因斯坦真了不起！爷爷,你刚才讲的是狭义相对论,那是不是还有广义相对论呢?

狭义相对论创立后,爱因斯坦几经思考,觉得还不完善,不能解决引力场问题。1916 年,爱因斯坦在老同学格罗斯曼的帮助下,发表了用几何语言描述的引力理论——广义相对论。广义相对论并非当今描述引力的唯一理论,它却是能够与实验数据相符合的最简洁的理论,代表了现代物理学中引力理论研究的最高水平。不过,仍然有一些问题至今未能解决。

5. 广义相对论

广义相对论是爱因斯坦于 1915 年以几何语言建立而成的引力理论,统合了狭义相对论和牛顿的万有引力定律,将引力改描述成因时空中的物质与能量而弯曲的时空,以取代传统对于引力是一种力的看法。

6. 世纪伟人

爱因斯坦为理论物理学的发展做出了卓越贡献,因成功解释光电效应而被授予 1921 年诺贝尔物理学奖。1999 年被美国《时代周刊》评选为"世纪伟人"。

太复杂了!

的确! 广义相对论到目前为止能够理解的人也没有多少。爱因斯坦因为相对论成了举世闻名的科学家,然而因为他是犹太人,他仍不能免遭德国纳粹势力的迫害。1930 年爱因斯坦到美国加利福尼亚理工学院讲学,直到希特勒上台(1933 年)仍在美国,此后再也没有回德国。爱因斯坦后来定居在新泽西州普林斯顿高级研究所,1940 年成为美国公民。1955 年 4 月 18 日,爱因斯坦在美国普林斯顿逝世。1999 年被美国《时代周刊》评选为"世纪伟人"。

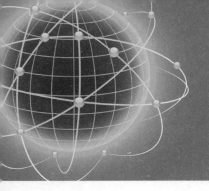

第五节
唯一两次获得诺贝尔奖的女科学家
——居里夫人

司司、南南，你们知道居里夫人吗？

伯文爷，我知道！她是一个伟大的女科学家，还曾获得过诺贝尔奖呢！

嗯，没错！许多女性科学家也为科学事业做出了巨大贡献，居里夫人就是其中之一，她也是唯一一个两次获得诺贝尔奖的女性科学家。

还两次啊？爱因斯坦才一次呢？

哈哈，他们都是很厉害的，只是研究领域不同。居里夫人主要从事放射性研究，她因放射性研究获 1903 年诺贝尔物理学奖，因发现镭和钋获 1911 年诺贝尔化学奖。

本节内容 ▶

① 放射性
② 艰苦的成长环境
③ 教女有方

---

1. 放射性

某些元素的原子通过核衰变自发地放出 α 或 β 射线（有时还放出 γ 射线）的性质，称为"放射性"。

爷爷,什么是放射性呢? 是不是和辐射有关啊?

是的。某些元素的原子通过核衰变自发地放出 α 或 β 射线 (有时还放出 γ 射线) 的性质,被称为"放射性"。由于某些物质的原子核发生衰变时放出的射线我们肉眼看不见也感觉不到,只能用专门的仪器才能探测到,这就使得发现放射性的过程不那么容易。

司司、南南,你们清楚放射性的发现过程吗? 1895 年 11 月的一个晚上,德国物理学家伦琴在做阴极射线实验时,意外地发现了一种新的射线,但因不了解其本性,称它为 X 射线。有关 X 射线的消息引起了法国物理学家贝克勒尔的注意,他经过研究发现这种新射线是从铀原子本身发出的,不受外界条件的影响。贝克勒尔发现新射线的消息又传到了居里夫人那里。居里夫人发现放射性绝不只是某个元素独有的现象,她和自己的丈夫在一座极为简陋的实验室里,将奥地利政府提供的几吨废铀渣,进行反复地化学分离和物理测定,最终发现了一种新物质。为纪念居里夫人的祖国波兰,将这种物质命名为"钋"。伦琴因发现 X 射线获 1901 年诺贝尔物理学奖,贝克勒尔、居里夫妇因放射性发现与研究共享了 1903 年的诺贝尔物理学奖。

从事科学研究真的很不容易啊! 真佩服他们。爷爷,再给我们讲讲居里夫人的早期生活吧!

居里夫人1867年出生在波兰，父母都是中学老师。在她不满12岁时妈妈和大姐就相继病逝，这样的生活环境培养了她独立生活的能力，也使她从小磨炼出了非常坚强的性格。她学习非常勤奋刻苦，从上小学开始，每门功课次次都考第一。15岁时，以获得金奖章的优异成绩从中学毕业，但家境不允许她继续读书。为了留学的梦想，她做了整整8年的家庭教师，凑足了学费，来到巴黎的索邦大学（巴黎大学的旧名）学习数学和物理学。经过四年的努力，取得物理及数学两个硕士学位。她还成为了该校第一名女性讲师。就在这里，她遇上了后来成为她丈夫的青年教师皮埃尔·居里。

她这敢于追求梦想的精神很值得我学习啊！

这是肯定的！不过，爷爷，我知道日本地震核辐射很严重的，居里夫人研究放射性，会受辐射吗？

图5-5-1 居里夫人纪念邮票

2. 艰苦的成长环境

居里夫人出生在一个家境并不宽裕的波兰家庭，这样的环境培养了她独立生活的能力，使他变得十分坚强。她从小学习刻苦，通过做家教实现留学梦想，取得物理及数学两个硕士学位。

3. 教女有方

居里夫人很重视女儿的教育，从小开始就引导他们的智力训练，带他们接触大自然，进行各种体育锻炼。他的长女因发现人工放射性1935年与其丈夫约里奥·居里共同获得诺贝尔化学奖；次女是一名音乐家、传记作家。

当然有了！由于长期受放射线的照射,居里夫人本人不幸染上了白血病,1934年7月4日于法国去世,她为科学事业奉献了自己的一生。

真是太可惜了！记得我国一位科学家好像还是居里夫人女儿的学生。她的女儿也很厉害吗？

你说的是钱三强的导师伊伦·约里奥·居里吧？她是居里夫人的长女,因发现人工放射性1935年与其丈夫约里奥·居里共同获得诺贝尔化学奖。居里夫人还有一个女儿叫艾芙,是一位音乐家和传记作家,1937年在母亲居里夫人去世3周年之际,她发表了《居里夫人传》一书,引起了很大影响。

这么厉害啊！女儿也得诺贝尔奖了！

这和居里夫人很重视女儿的教育有关。早在女儿不足周岁的时候,居里夫人就引导孩子进行幼儿智力体操训练,鼓励孩子广泛接触陌生人,去动物园观赏动物,让孩子学游泳,欣赏大自然的美景。孩子稍大一些,她就教她们做一种带艺术色彩的智力体操,教她们唱儿歌、讲童话。再大一些,就让孩子进行智力训练,教她们识字、弹琴、手工制作,等等,还教她们骑车、骑马呢！

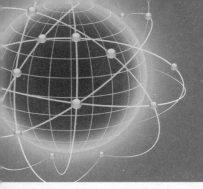

第六节
"中子物理学之父"
——费米

本节内容 ▶

① 第一座原子核反应堆
② 诺贝尔物理学奖

司司、南南,你们知道第一颗原子弹是哪个国家投到日本广岛的吗?

美国!

对!1939年在爱因斯坦等人的说服下,美国总统决定在美国开展原子弹的实验研究。要造原子弹,则需要首先建一个核反应堆,美国当局请费米来主持。费米领导的科学小组在芝加哥大学橄榄球场看台下面的室内网球场中建造了世界上第一座原子核反应堆。1945年7月,第一颗试验原子弹在美国新墨西哥州的沙漠爆炸成功。1945年8月6日,美军在日本广岛市区上空投下第一颗原子弹,死伤总人数20余万。

司司、南南,你们知道核反应堆是什么吗?核反应堆,又称为"原子反应堆"或"反应堆",是装配了核燃料以实现大规模可控制裂变链式反应的装置。重金属元素铀-235的原子核吸收一个中子后产生核反应,使这个重原子核分裂成2个(极少情况下会是3个)更轻的原子核以及2~3个自由中子,并释放出巨大的能量,这一过程称为"核裂变"。释放出的中子又可以被用来去轰击铀原子核,从而产生一个连锁反应过程,并累积释放出巨大的能量。

1. 第一座原子核反应堆

为了制造原子弹,费米领导的科学小组是在芝加哥大学橄榄球场看台下面的室内网球场中建造了世界上第一座原子核反应堆。

原子弹太可怕了! 伯文爷,你说的这个费米是谁啊?

恩利克·费米是意大利出生的美籍物理学家,他在理论和实验方面都有一流建树。1938 年,他获得诺贝尔物理学奖,被称为"中子物理学之父"。他也是李振道先生的导师。

2. 诺贝尔物理学奖

费米因在中子辐射产生新放射性元素方面做出的贡献,获得 1938 年的诺贝尔物理学奖,被称为"中子物理学之父"。

司司、南南,你们知道中子吗? 原子由原子核和核外电子组成,原子核又可以分为质子和中子,中子不带电。而对于某种特定的元素,中子数是可以变化的,拥有不同中子数的同种元素被称为"同位素"。中子数决定了一个原子的稳定程度,一些元素的同位素能够自发进行放射性衰变。

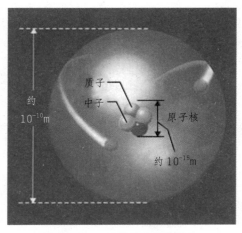

约 10^{-10} m

质子
中子
原子核
约 10^{-15} m

图 5-6-1　原子核结构示意图

嗯！"中子物理学之父"是费米。爷爷，给我们讲讲费米的人生经历吧！

费米 1901 年出生于罗马一个铁路工人家庭，母亲是一位中学老师。起初，费米学习成绩很不好。14 岁时，由于哥哥去世，他便以书为伴，渐渐地喜欢上了读书，成绩也好转了。上中学以后，父亲经常把一些有关数学和工程的书借给他看。在学校，老师认为费米自学的进度已经远远超过学校的教学进度，就让他随意到实验室里去做实验。费米非常喜欢做物理实验，在实验室测过重力加速度、自来水密度和地球磁场等，其实验能力得到很好的培养。1918 年费米考入比萨大学高等师范学院，1922 年获得物理博士学位。不久后，他赴德国格丁根大学，成为玻恩的学生。1924 年回到意大利，在佛罗伦萨大学任教。1926 年起，任罗马大学理论物理学教授。由于他的妻子是犹太人，受到意大利法西斯的迫害，1938 年，费米借领诺贝尔奖金之际，携家眷移居美国。

第七节
他预言了介子的存在
——汤川秀树

伯文爷，您说原子核是由数个质子和数个中子构成，质子带正电，中子不带电，那原子核里面的质子应该相互排斥啊？怎么会在一起呢？

本节内容 ▶

① 介子论
② 介子

这个问题提的好！在查德威克发现中子后，科学家就开始思考这个问题了。1935 年，汤川秀树提出"介子论"，对质子和中子的结合做了很圆满的解释。根据"介子论"假设，经过数学计算，他指出，这种交换的粒子的静止质量必须是电子静止质量的 200 倍左右，并且或带正电，或带负电，或为中性，电量是一个电子电荷。由于这种交换粒子的质量介于电子质量与质子质量之间，所以后来科学家就把它定名为"介子"。

司司、南南，你知道汤川秀树提出的"介子论"假设是什么吗？他假设质子和质子间，质子和中子间，中子和中子间，都另有一种交互吸引的作用力，在近距离时，远比电荷间的库仑作用力强，但在稍大距离时即减弱为零，这种新作用称为核子作用或强作用。类比于电磁场力可以认为是在带电粒子之间交换光子形成的，他认为这种核子作用是在核子之间交换一种粒子来形成的，即"介子"。

1. 介子论

为了解释原子核内部粒子的结合，汤川秀树提出了"介子论"，根据这一假设，预言了介子的存在，并于 1949 年荣获诺贝尔物理学奖。

理论假设和推算是一回事，但实际上真的有"介子"存在吗？

这个就需要实践去检验了。1947 年，英国的鲍威尔在宇宙射线中又发现了两种介子，一种较重，叫"π 介子"；一种较轻，叫"μ 介子"，也就是安德森之前发现的那种。"π 介子"正是汤川秀树预言的与核子（核内的粒子，包括质子和中子等）发生强相互作用的粒子。因此，1949 年汤川秀树因预言介子的存在获得了诺贝尔物理学奖。

1937 年,安德森等人在研究宇宙射线时,发现了一种新的粒子,它的质量约是电子质量的 200 倍。当时,人们认为这就是汤川秀树所说的介子。其实,后来科学家进一步发现介子有很多种,安德森等人发现的这种介子与核力的产生没有关系,是一种轻子,所以改名"μ 介子"。

2. 介子

介子是基本粒子的一类,包括 π 介子、μ 介子等,参与强相互作用,属于强子类,不能稳定存在,是比电子重的带电或不带电的粒子。

伯文爷,汤川秀树是谁呢?

汤川秀树是日本的一位科学家,1907 年出生在东京的一个知识分子家庭。生活在书香之家,汤川秀树从小就喜爱图书,养成了爱读、多想、勤写的好习惯。1926 年,19 岁的汤川秀树开始在京都大学物理系学习,当时日本的科学还是很落后的,量子物理学更是一片空白。所以汤川秀树的决定是带有风险的,但他毫不畏惧,充满信心地开始了对微观世界的探索。

据 1949 年 11 月 4 日《纽约时报》的一篇报道,汤川秀树之所以决定终身研究理论物理学和数学,主要原因好像是来自中学时代的一次不愉快的遭遇。汤川秀树在中学时,化学课上要学习吹玻璃,这对于他来说是件大难事,怎么也做不好。在他看来,研究原子核似乎比拉制玻璃还容易些,从此以后他就一心一意把精力放在数理学科的理论研究上。

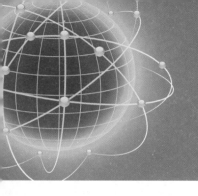

第八节
他两次获得诺贝尔物理学奖
——巴丁

1. 晶体管的诞生

1947 年 12 月，美国贝尔实验室的肖克利、巴丁和布拉顿组成的研究小组，研制出一种晶体管。晶体管的问世，是20 世纪的一项重大发明，是微电子革命的先声。

司司、南南，你们知道曾两次获诺贝尔物理学奖的科学家是谁吗？

两次？我记得居里夫人是两次获奖，但有一次是化学奖啊！

我也不知道呢！

历史上唯一两次获得诺贝尔物理学奖的物理学家叫约翰·巴丁。他分别于 1956 年和 1972 年两次获得诺贝尔物理学奖。

那他分别是因为什么获奖的呢？

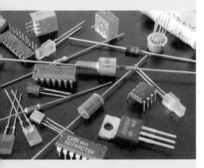

图 5-8-1　晶体管

131

第一次获奖是为表彰他在晶体管发明方面做出的贡献。1947 年巴丁和其同事布拉顿共同发明第一个半导体三极管（晶体管），一个月后，肖克利发明 PN 结晶体管。这一发明使他们三人共同获得 1956 年诺贝尔物理学奖，巴丁被选为美国科学院院士。

司司、南南，你们知道半导体和晶体管吗？半导体指常温下导电性能介于导体与绝缘体之间的材料。今天大部分的电子产品，如电脑、移动电话等的核心元件都由半导体组成。晶体管，本名半导体三极管，是一种固体半导体器件，可以用于检波、整流、放大、开关、稳压、信号调制和许多其他功能。晶体管作为一种可变开关，基于输入的电压，控制流出的电流，因此晶体管可作为电流的开关。和一般机械开关不同处在于晶体管是利用电讯号来控制，而且开关速度可以非常快。

那巴丁第二次获奖是因为什么呢？

第二次获奖是由于超导微观理论（BCS 理论）的建立，巴丁与库珀（Cooper）和施里弗（Schrieffer）一起分享了 1972 年的诺贝尔物理学奖。

超导微观理论是对超导的解释吗？

2. BCS 理论

"BCS 理论"是解释常规超导体的超导电性的微观理论（也常意译为"超导的微观理论"）。该理论以其发明者巴丁、库珀（L.V.Cooper）、施里弗（J.R.Schrieffer）的名字首字母命名。

嗯！某些金属在极低的温度下，其电阻会完全消失，电流可以在其间无损耗的流动，这种现象称为超导。超导现象1911年就发现了，但直到1957年，巴丁、库珀和施里弗提出BCS理论，其微观机理才得到一个令人满意的解释。

巴丁这么厉害，伯文爷，给我们讲讲他的故事吧！

巴丁1908年生于美国威斯康星州，自幼便显示出超乎寻常的智慧，他是一个注意力高度集中的孩子。1941年，6岁的巴丁在麦迪逊读小学。可是不久，他就发现在那里学习对自己来说太过容易了。母亲担心巴丁在这里得不到足够启发，9岁时他从小学三年级直接跳级到初中一年级。由于连跳三级，巴丁成了同班同学中年龄最小的学生。

连跳三级？少年天才啊？

是的。尽管如此，他仍然是班里的佼佼者，尤其数学方面，并且第二年就在麦迪逊市的代数竞赛中取得优异成绩。1922年，巴丁在大学预科班完成了学业。他本可以毕业的，但他又花了一年时间陪他的哥哥在重点中学学习，主修物理和附加的数学课程。1923年他考入威斯康星大学时，只有15岁。1928年获威斯康星大学理学士学位，1929年获硕士学位。1936年获普林斯顿大学博士学位。1935~1938年任哈佛大学研究员，1945~1951年在贝尔电话公司实验研究所研究半导体及金属的导电机制、半导体表面性能等基本问题。1951年到伊利诺大学香槟分校任教。

司司、南南,你们知道贝尔实验室吗?贝尔实验室是晶体管、激光器、太阳能电池、发光二极管、数字交换机、通信卫星、电子数字计算机、蜂窝移动通信设备、长途电视传送、仿真语言、有声电影、立体声录音,以及通信网等许多重大发明的诞生地。自1925年以来,贝尔实验室共获得25 000多项专利。现在,平均每个工作日获得3项多专利。截止2009年,贝尔实验室历史上的诺贝尔奖获得者数量已达到13人之多。

图5-8-2　贝尔实验室总部

第九节
"我是中国人,我要用汉语演讲"
——丁肇中

司司、南南,你们知道有哪些华人科学家获得过诺贝尔奖吗?

本节内容

① J粒子
② 获诺贝尔物理学奖
③ 阿尔法磁谱仪

爷爷,我知道,杨振宁和李政道,还有朱棣文,听说他还是美国能源部部长呢!

图 5-9-1 丁肇中

嗯,很好!不过还有好几个华裔科学家,比如丁肇中、崔琦、高锟等,其中丁肇中是第一个用中文发表演说的诺贝尔奖获得者。

噢!这是怎么回事呢?

按照惯例,获奖者要用本国语言在宴会上致答词,但以往有关诺贝尔奖的材料,没有一份是用中文书写的。丁肇中觉得应该用中文写答词以表达对祖国的眷恋之情,但他的愿望遭到了美国官方的阻止。美国官员说,你已经是美国公民,就应当用英文书写答词。丁肇中理直气壮地说:"我确实加入了美国籍,但我是在瑞典而不是在美国领奖,用什么文字书写是我的自由。"最后经协商,采用了一个折中的办法:丁肇中在致答谢词时先讲汉语,后用英语再复述一次。

1. J 粒子

J 粒子是丁肇中领导的实验小组于 1974 年在美国纽约州阿普顿国立布鲁海文实验室里发现的一种新的基本粒子,J 粒子的发现,是基本粒子科学的重大突破。

2. 获诺贝尔物理学奖

丁肇中因发现 J 粒子和里希特共享 1976 年的诺贝尔物理学奖。他是第一个用中文发表演说的诺贝尔奖获得者。

丁肇中演讲内容:得到诺贝尔奖,是一个科学家最大的荣誉。我是在旧中国长大的,因此,想借这个机会向发展中国家的青年们强调实验工作的重要性。中国有句古话:"劳心者治人,劳力者治于人。"这种落后的思想,对发展中国家的青年们有很大的害处。由于这种思想,很多发展中国家的学生都倾向于理论的研究,而避免实验工作。事实上,自然科学理论不能离开实验的基础,特别是物理学更是从实验中产生的。我希望由于我这次得奖,能够唤起发展中国家的学生们的兴趣,而注意实验工作的重要性。

真让人感动！那丁肇中是因为什么获奖的呢？

我们之前讲过，原子由原子核和核外电子构成，原子核又由质子和中子组成。后来科学家发现质子、中子有着复杂的内部结构，它们由更小的基本粒子——"夸克"构成，而"夸克"又可能由更小的基本粒子构成。20 世纪 70 年代，物理学家普遍认为世界上只有三种夸克。丁肇中对此产生了疑问，他提出了"寻找新粒子与新物质"的实验方案。丁肇中带领他的研究小组在美国著名的布鲁克海文实验开始了艰难的实验工作。1974 年 11 月 12 日，丁肇中的实验小组向全世界宣布：他们发现了一种新的基本粒子，这种粒子质量重，寿命长，因而一定来自第四种夸克。后来，经过其他科学家的验证，人们把这种基本粒子命名为"J 粒子"。

丁肇中是因为发现 J 粒子获诺贝尔奖的吗？

是的！不过有趣的是，与丁肇中大体同时，美国的另一位科学家里希特也独立地发现了这种粒子。这种现象，在科学界叫做"重复发现"。后来人们就把这种基本粒子叫做"J/ψ 粒子"。丁肇中和里希特也因此共同获得 1976 年诺贝尔物理学奖。

3. 阿尔法磁谱仪

阿尔法磁谱仪是包括中国在内的多个国家和地区的物理学家与工程师参与建造的一个物理探测仪器，目的是寻找太空中的反物质和暗物质。

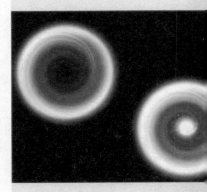

图 5-9-2　夸克